时装画技法教程

水彩 + 马克笔 + 彩铅

手绘表现与造型设计

杨建飞 主编　崔涛 绘

中国书店

目录 CONTENTS

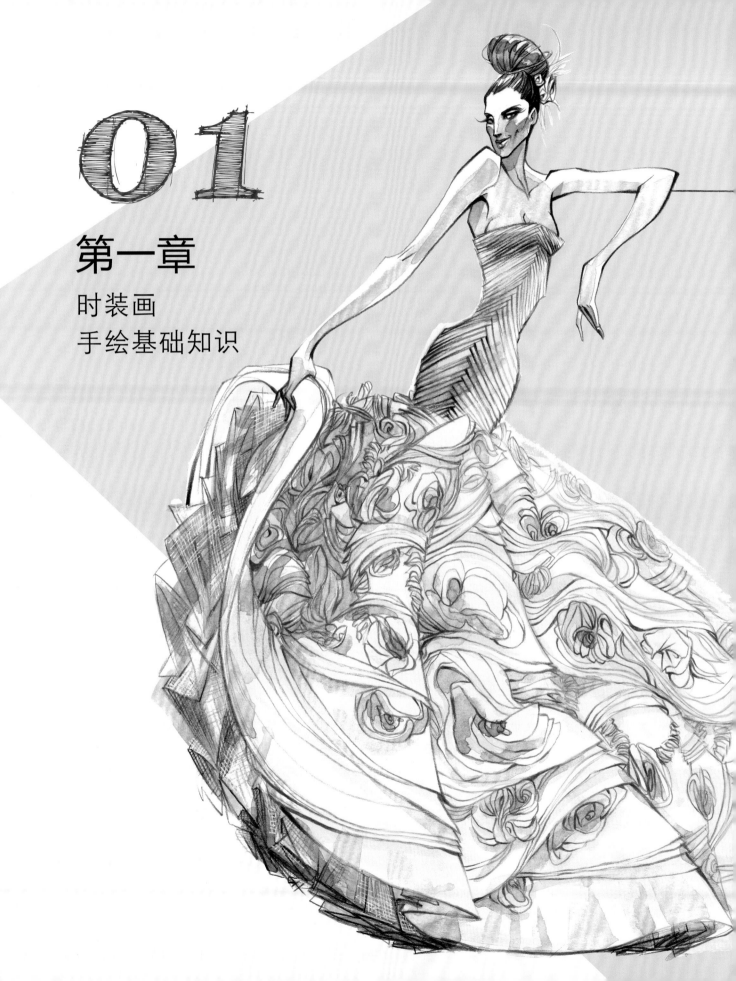

01

第一章

时装画
手绘基础知识

1.1 时装画分类

1.1.1 设计草图

服装设计草图具有速成性和简练性，是设计师在短时间内将设计灵感记录在纸上的结果。设计草图不太注重最终的完整效果，而是快速地将人体和服饰的主要特征表现出来。在设计草图中，线条的流畅性、颜色的层次感并不需要优先考量，首先要做的是塑造出和谐的人体动态，简单的形有时更容易突出服饰本身的风格。

1.1.2 时装款式图

当设计师想要表现服饰的款式结构、工艺细节和比例关系时，他们就需要绘制时装款式图。这种图要求细节严谨规范，线条流畅清晰。一般来说，一张服装款式图需要满足以下三点要求：一是符合人体结构比例，二是遵循对称性，三是标示出实线（裁片分割线、外形轮廓线等）和虚线（缝迹线、装饰线等）。

不同创意的手绘设计草图

1.1.3 时装效果图

　　时装效果图是人体着装后呈现在平面上的一种特殊效果图，它往往能够直接表现出时装的款式、轮廓和色彩。时装效果图还是设计者在表达创作意图时最直观的绘画形式。绘制效果图是整个设计环节的第一步。在这一步，设计师需要将缥缈的灵感转化为直观的产品，在口头描述和时装效果图之间，选择后者有助于设计师将自己想法完整地传达给周围的人。在对服装外形和细节的精心推敲中，设计者需要考虑服装的功能、构造、材料、缝制工艺、市场定位、流行风尚等各个方面，有时还需要画出服装的前、后两个视图。

1.1.4 时装插画

　　早期的时装插画大多出现在前卫的时尚杂志中，这是一种接近于"街头诗歌"的艺术形式，它徘徊于时装设计与非时装设计的间隙中，是一种对流行时装即兴描绘的方式。从源头来看，时装插画是时装效果图的分支，它逐渐从时装效果图中分离出来。如果说时装效果图注重的是时装的褶皱、光照度、比例、颜色等元素，以及其中包含的设计者的创作理念，那么时装插画则更加强调人物特色的塑造、人物与背景的和谐、时装夸张性与装饰性的统一等。此外，二者的受众也不同，时装效果图主要是画给服装企业和专业人士看的，而时装插画更多地运用在包装、广告和海报中，主要服务群体是普通大众。

1.2 时装画的特点

1.2.1 实用性

    时装画是设计师表达设计意图的一个手段，画得好与坏不会直接影响市场销售。绘画基础好的设计师作品，既像画又有内容。实用性突出的时装画往往线条简洁大方，款型绘制清晰，常用于服装设计及生产领域。

1.2.2 艺术性

    然而，那些富有创新思想的学生和艺术家们不喜欢既定的表现方式，他们的服装画往往凭着个人喜好完成。这样的画作要么是画风古怪，要么就是效果夸张，常见于个人创作和参赛作品。这种类型的时装画会削弱作品的实用性，而更多地从审美角度去设计作品。

1.3 时装画常用画笔

1.3.1 马克笔

　　马克笔这一称谓是从英文翻译过来的，根据译法不同，我们也可以将其称作记号笔。在诸多手绘效果图中，马克笔绘画往往有着不俗的表现。马克笔易渗透、易挥发，颜色干后色差较大。由于马克笔的色彩不像水粉、水彩那样可以修改与调和，因此在上色前要对颜色及用笔做到心中有数，下笔时一定要干脆利落。同时，由于笔宽固定这一特性的限制，在上色时要注意均匀地排线。

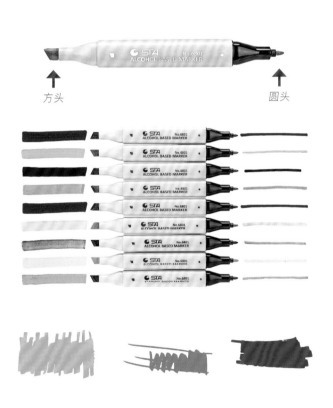

方头　　　　　　　　　　圆头

　　圆头马克笔：画出的线条较细，笔触圆润柔和，适合刻画细线和局部效果。

　　方头马克笔：包括正方头和侧方头，适用于大面积平涂。转动笔头可以画出不同的笔触和效果。

　　水性马克笔：颜色通透但不易浸透画纸，绘画效果类似水彩。可多次叠色，但容易使画面变黑、变暗。

　　油性马克笔：颜色柔和，饱和度高，上色时可以由浅至深覆盖颜色并令其自然过渡。

马克笔手绘作品

1.3.2 石墨铅笔

铅笔是时装画中常用的工具。时装绘画中所用的铅笔不同于书写铅笔，书写时一般只需要一种铅笔即可，而时装绘画中需要同时运用几种不同类型的铅笔才能表现出层次丰富的画面。

在画时装画时，铅笔往往运用在线描阶段及一些特殊效果的塑造，人们会在铅笔稿件的基础上进行着色。但是对于暂时无法掌握其他工具及上色技巧的人，以及追求特殊风格的人，也可以只使用铅笔绘制时装画。一般画时装作品的铅笔可分为 H、HB、B、2B~6B 等，也有 8B 的。在构图时，先用 HB 铅笔打底（打轮廓），随后便可以使用 4B 至 6B 等偏软性的铅笔层层加深。在刻画各种明暗部时，应选择与之相适合的铅笔型号，如明部（亮部）可用 2H、H、HB，灰部可用 B、2B、3B，暗部可用 4B、5B、6B 等。

铅笔的选择是根据画面的需要和个人的绘画习惯而定的。通常情况下，准备好 HB、2B、4B、6B 这四种铅笔就够了。在加深画面的过程中，注意握笔姿势，既不要太紧，也不要太松，要保持手腕的高度灵活。这样能使画面的层次逐步拉开，以达到较好效果。

绘画铅笔

中锋画曲线

侧锋画曲线

不同强弱笔触的曲线

HB   2B   4B

6B   8B   10B

B（Black）表示的是黑度或者深度。B 前面的数字越大，表示石墨的含量越多，画出的线条也越黑。

H（Hard）表示的是硬度。H 前面的数字越大，代表笔中的黏土含量越高，铅笔芯就越硬，画出的线条颜色也越浅。HB 的铅笔软硬度适中。

1.3.3 彩色铅笔

彩色铅笔与普通铅笔的制造方法相似，只不过是用颜料代替石墨与黏土进行混合。初学者一般使用油性彩色铅笔，因为上色和叠色过程都相对容易。而水溶性彩色铅笔的特性是一蘸水颜色就会晕开，并产生水彩一样的效果，同时又能保留一些铅笔的质感，让画面显得别有一番风味。

彩色铅笔

红色 + 黄色 = 橙色　　　　　　蓝色 + 红色 = 紫色

1.3.4 自动绘图铅笔

除了传统的木制铅笔外，我们也可以使用自动铅笔进行绘画。自动铅笔通常有 0.3 毫米、0.5 毫米、0.7 毫米等不同粗细的笔芯。这种铅笔的最大优势是便捷，将笔芯填入笔管后即可使用，省去了削铅笔的环节。但是自动铅笔也存在明显的缺陷，即无法驾驭不同类型的线条，也比木制铅笔更容易折断。

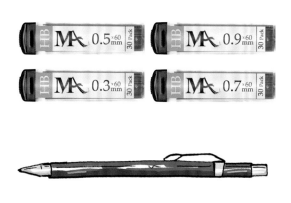

自动绘图铅笔

1.3.5 高光笔

简单来说，高光笔的作用就是对画面的局部进行提亮。这种笔的覆盖力强，可以直接覆盖在其他颜色的表面而不会渗透。除此之外，高光笔还适用于玻璃、塑料、金属、木材、陶瓷等材料。从应用范围来说，高光笔主要应用在小范围的高光位置，而画大面积的高光则需要用到涂改液。

1.3.6 针管笔

针管笔分为硬头针管笔和软头针管笔两种，根据笔头粗细不同有 0.3 毫米、0.5 毫米、0.8 毫米等规格。当一个追求精准和完美的设计师在绘制时装画时，他可能会选择用 0.8 毫米的针管笔勾勒外轮廓线，用 0.5 毫米的针管笔勾勒内轮廓线，再用 0.3 毫米的针管笔勾勒针迹线和细节线。

金色

银色

白色

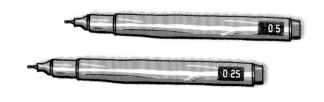

针管笔

1.3.7 水彩画笔

　　水彩画笔是一种常见的绘画材料。从广义上说，水彩画是一种用水调和透明颜料完成的绘画形式。水彩特有的通透性和流动性，让其表现出来的渲染效果十分出众。常用的水彩技法有干画法、湿画法、撒盐法、着蜡法等。

湿画法

干画法

渲染法

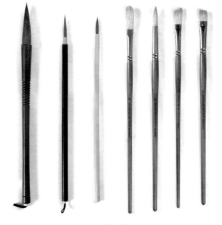
水彩画笔

水彩画颜料

　　一般来说，水彩颜料分为透明水彩和不透明水彩两种。不透明水彩颜料就是水粉颜料，具有覆盖性。透明水彩颜料的特性是颜色堆叠的时候，可以清楚地看到下层颜料的颜色，堆叠的颜色还会有一种融合的效果，所以它能表现出轻盈透彻的视觉效果。常见的水彩颜料有管装和固体两种。

　　管装的水彩颜料最常见，其颜料呈膏状，直接挤到调色盆里就可以兑水使用。如果放置时间久了，就会变成固体，再次遇水后，就又可以使用了。

　　固体水彩颜料一般是成套的，每种颜色的颜料块都整齐排列在一个大盒子里。画画时准备一个调色盘，用毛笔蘸清水，然后用笔头轻轻地涂擦颜料块表面，颜色很容易溶解，再在调色盘里调和就可以用了。

1.4 时装画用纸

　　纸的材质、细腻程度、尺寸等都会影响作画者的手感和画面的观感。一般来说，人们会选择办公常用的 A4 复印纸，如果要设计一个系列的款型，则需要尺寸更大的 A3 纸张。复印纸能够满足铅笔、墨水笔等工具的使用，但其吸水性相对薄弱，用马克笔作画就会出现渗底的情况。因此，如果想要追求最理想的效果，就要根据作画工具选择相匹配的纸张，在不同的纸张上作画又可能出现不同的效果。常用的纸张有素描纸、水彩纸、卡纸、漫画原稿纸等，比较常见的品牌有法卡勒、康颂、巨匠等。

1.4.1 认识素描纸

　　素描纸具有独特的纹理，非常容易着色，纸质薄、硬，表面粗糙，适合表现铅笔画的质感和层次，是最常用的纸张之一。素描纸耐折度强，纤维拉力很好，可双面使用，反复上铅不发亮、不掉粉，易擦，不起毛。素描纸的表面抗摩擦，纸面粗糙且孔隙小，便于清除笔痕。

　　素描纸的质量以克数来辨别，120 克～160 克的素描纸比较常用。这样的纸比较结实，经过多次擦拭、修改后，纸张也不会有大的损伤。素描纸的纹理也很重要，一般为细纹、中纹和粗纹三种，绘画时多使用中纹素描。不同的纹理也有不同的用途，可以呈现不同的肌理效果。但总体来说，纸的密度越高，纹理越细腻，颜色就越自然。

1.4.2 水彩纸的表现效果

　　水彩纸可提供多种纹理，以便艺术家根据自己的创作风格来选择适合的表面。其纹理主要包括细纹、中粗纹、粗纹三种。根据原料划分，水彩纸又可以分为棉浆纸、木浆纸和混合纸。棉浆纸吸水性好，上色均匀，纸面干燥速度缓慢；木浆纸则吸水性差，上色时不易涂匀，干燥速度较快，通常表面较光滑。

粗纹	中粗纹	细纹
↓	↓	↓

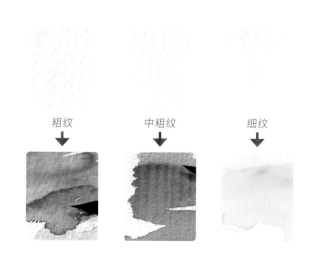

1.5 橡皮

绘画中常用的橡皮一般有普通美术橡皮和可塑性橡皮两种。

橡皮擦

1.5.1 普通美术橡皮

普通美术橡皮是一种绘画时常用的橡皮，用柔软而粗糙的橡胶制成，便于擦除大面积的痕迹，而且不会弄破纸张。

1.5.2 可塑性橡皮

可塑性橡皮十分柔软，感觉像橡皮泥一样，可以捏成各种形状，这正是可塑性橡皮的优势。它既可以擦除大面积的痕迹，也可以捏成很小的细条子，方便擦除细小的部位。可塑性橡皮是以吸附石墨的方法去掉笔迹的，它不仅可以擦除笔迹，还可以用来突出画面的重要部分，使作品表现得更细致。

绘画中怎样巧用橡皮擦

橡皮擦在使用时，不仅可以擦除多余的线条和有问题的结构，也可以起到调整画面的作用。概括起稿阶段，画面经常要调整，使用橡皮擦就可以擦去不理想的线条。深入刻画阶段，可以把橡皮捏成薄片或尖角，充分塑造对象的细节，如物体的高光部分。

可塑性橡皮

1.5.3 使用橡皮的注意事项

初学者往往觉得画一笔不满意时，就马上用橡皮擦去，第二次画得不对时又再擦去，这是最不好的习惯。一则容易伤害画纸，使纸张留下疤痕，再则容易越画越无把握，所以应极力避免。

当第一笔画不对时，可以再画上第二笔，如此画时就有一个标准，容易改正，等浓淡明暗一切都画好之后，再把不用的铅笔线用橡皮轻轻擦去，这样整幅画面就清楚多了。

其实画面上许多无用的线痕，通常到最后都会被暗的部分遮住，我们只需把露出的部分擦去，这样也较为省力。同时，不用的线痕往往在无形中成为主体的衬托，所以不擦去不但无害于画面，有时反而能收到意想不到的效果。

1.6 色彩理论

1.6.1 理解色彩

要画色彩，首先要对色彩有所了解和研究，更要有基本的色彩理论做指导。

人们通过视觉感知物象的色彩，物象又必须有光线的照射，色彩才能被感知，没有光就没有色。如果我们进入没有光线的暗室，就无法辨认任何色彩。所以说，光是感知的条件，色是感知的结果。

色光与颜料有着不同的属性，就色彩原理而论也有着质的差别。要了解色彩首先要了解光，要作画就要了解颜色。色光与颜料的差别在于：色光中本身不存在灰色；颜料中除了黑、白，我们还可以调出许多不同的灰色。色光中没有黑色，黑意味着光的消失；颜料中黑是独立的色相。色光中红、橙、黄、绿、青、蓝、紫，相加为白光；颜色中红、橙、黄、绿、青、蓝、紫，相加为油黑色。

太阳光包含人眼能够看到的全部颜色。光线照射物体后，会被物体吸收。如以红色为例，难以吸收红光波长的物体会将红光反射出来，这就成了我们肉眼感觉到的物体色彩。总之，所有物体都会照射到所有色光，要以这样的思考方式探寻色彩。

这是一个有规则的色彩轮盘，各种颜色在上面相互对应形成补色。这些成组的颜色制造了强烈的视觉反差，从而增加了力量感和美感。这是一款很好的工具，它可以帮助我们在绘图时准确掌握色彩。

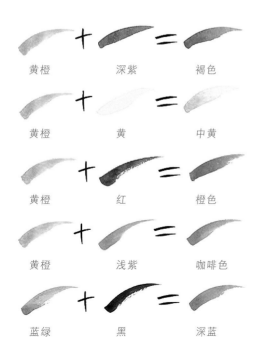

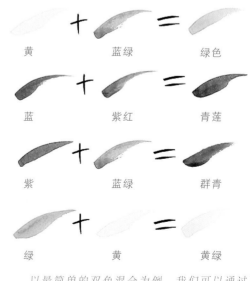

以最简单的双色混合为例，我们可以通过两种颜色的混合得到第三种颜色。注意，在使用加水颜料时，水量的多少会影响颜色的深浅。

1.6.2 关于色彩的其他知识

　　在着色时，除了要关注色彩本身以及色彩之间的相互关系，还要清楚色彩会受到多种因素的影响，如有些颜料尽管名称相同，但厂家不同，色彩效果也会不同；如果是土制的颜料，黏土的产地不一样，色感也会不同；天气、温度甚至绘画者的心情都有可能对色彩造成影响。选购不同品牌的散装颜料，或是直接采集大自然中的颜色，并组合成一套色彩颜料，其实也非常有趣。把握那些可以把握的规律，感悟那些无法把握的韵律，在满足基本色彩关系的同时，可以逐渐发展出自身特有的色彩语言。

用色明快　　　　　　　　　　　　　　　　　　　　　　　用色淡雅

02

第二章
时装画
人体比例与动态

2.1 时装画中人体的比例关系

现实生活中，我们以单个头高为单位来测量人体比例，计算下来正常人的身高大约在 7.5~8 个头高。如果直接将这个比例运用到时装画中，其效果往往不太理想。为了突出服装所呈现的效果，满足观众的审美需求，必须拉长腿部或者通过夸张的艺术形式来处理人体比例，因此，时装画中的人体比例大多采用 8.5~9 个头高甚至更高的人体比例。一些风格特殊的画也可能会采用低于正常人体的比例，这与设计师的个性和设计理念有关。

2.1.1 女性人体比例

在服装画和流行趋势的审美中，女性的形象比较苗条、修长。女性的脖子细长，锁骨明显，肩膀窄，盆骨宽。如果从侧面看，女性的身材呈现 S 形，胸部和臀部明显突出，小腹微微隆起。以 9 头身为例，女性下巴到胸、胸到腰各为一个头长，下身为 5 个头长（腰到会阴为一个头长，会阴到膝盖为两个头长，膝盖到脚为三个头长）。

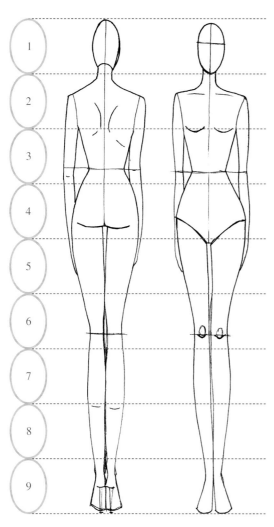

9个头身高

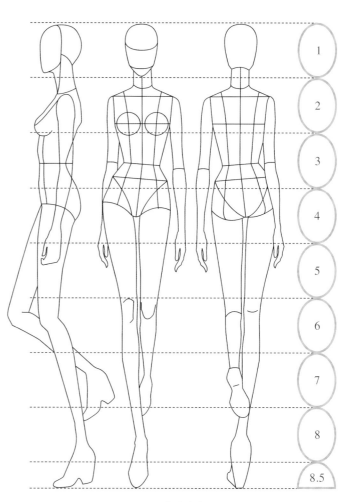

8.5个头身高

9个头身高

在掌握人体比例的基础上，还有两点需要说明。首先，身高比例的不同并不会影响人体在宽度上的比例关系。绘画时，保持肩宽为一个半头长，腰宽为一个头长，臀宽为一个半头长。总的来说，改变人体身高比例主要是通过改变腰部和腿部长度来实现的。其次，在表现人体动态时，可以绘制一些辅助线，从而保持人体的动态平衡。在填充肌肉之后，要加上服装结构线（胸围线、腰围线、臀围线），它们能帮助我们确定公主线、门襟、纽扣的位置。

不同服装的应用

2.1.2 男性人体比例

绘制男性服装画，要清楚男女人体比例之间存在某些差异。具体来说，男性肩宽约为头高的 2.3 倍，腰宽略大于一个头，手腕恰好与裆部同高，肘部恰好位于肚脐的水平线上，双膝正好处在人体 1/4 高的水平面上。男性与女性人体的主要区别是在盆骨上，男性较女性窄而浅；此外，男性骨骼和肌肉结实丰满。在常见的立姿中，男性的肩膀比较方，肘部远离躯干，腕和手部坚实有力，手掌低过臀部，放松的手掌下面手指弯曲，臀部倾斜度较小。我们可以运用速写的方法抓住男性人体比例的特点，快速定出人物草图，然后再将人物肌肉和服饰填充上去。

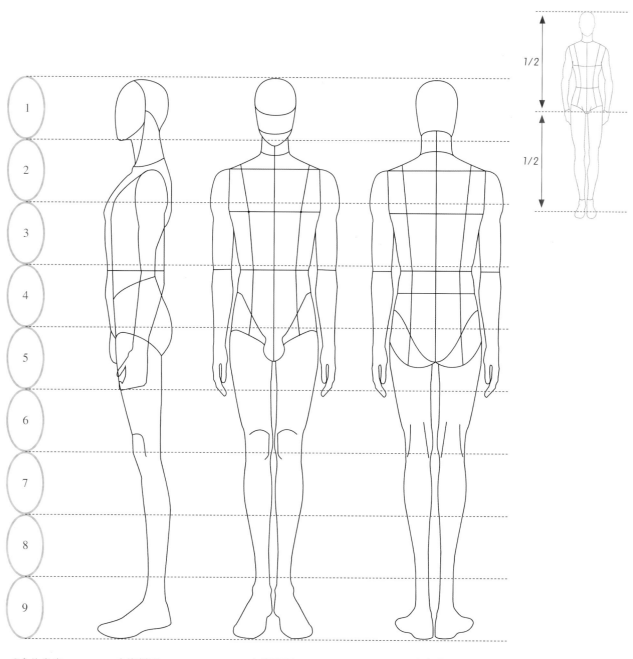

9个头身高　　　　立姿侧面　　　　　立姿正面　　　　　立姿背面

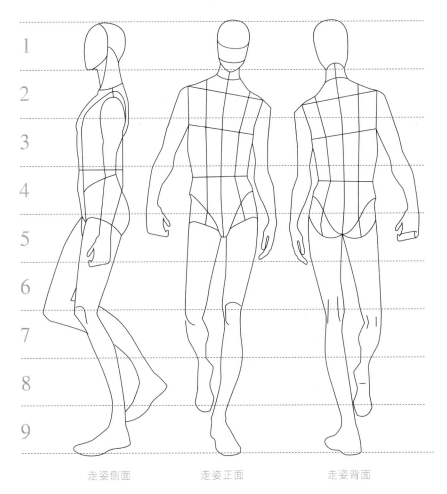

1
2
3
4
5
6
7
8
9

走姿侧面　　　　走姿正面　　　　走姿背面

男时装人体强健而不肥胖，肌肉发达而不笨拙。此外，无论是画照片还是真人模特，都要保持足够的距离观察，才能从整体观察人体姿态和服装。

不同服装的应用

2.2 透视关系

在美术和绘图领域常用的"透视法"同样适用于时装画的绘制。透视法包括三个要素：视平线，一般是指画者平视时与眼睛高度平行的线。视平线决定了画中人和物的透视斜度，被画物高于视平线时，透视线向下斜，被画物低于视平线时，透视线向上斜。心点是指视觉中心，它位于画面的核心部位。在平行透视中，一切透视线引向心点。距点，视点至心点的距离叫视距，如果把视距移至视平线上心点的两侧，所得的点为距点。

 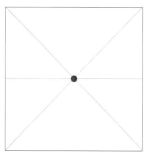 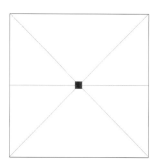 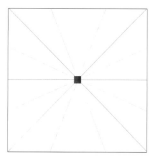

一点透视，也叫"平行透视"。我们把画纸想象成一个立方体，正对我们的
竖直面是平行于画面的。由于我们站在立方体的正面观看，它的中心点是消失点。
我们从正面的方形的各个端点向消失点引出线段，代表视线消失的方向。

在线条的辅助下，画出背景中的地面、长凳和黑板。从简单的几何图形入手，
可以更直观地感受并实践"近大远小"的透视原理。

在绘制相对复杂的人体时，同样遵循"近大远小"的原则。

除了一点透视，常见的透视形式还有两点透视（成角透视）和三点透视（倾斜透视）。两点透视就是把立方体画到画面上，立方体的四个面相对于画面倾斜成一定角度时，往纵深平行的直线产生了两个消失点。在三点透视图中，画面倾斜于基面，即画面与内容的三组主要方向的轮廓线都相交，画面上会形成三个消失点。

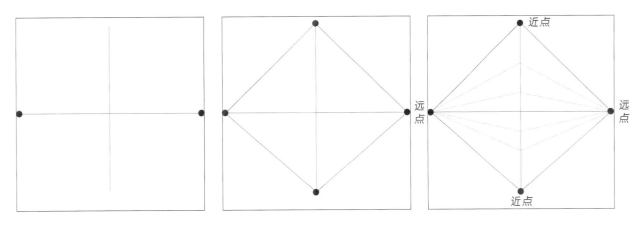

用两点标记中心垂直线，一个在顶部，一个在底部。从两个远点（消失点）绘制连接近点的线段，我们将会得到一个菱形。接着画出从消失点向中心垂直线扩散的线段。

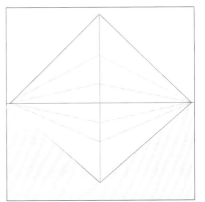
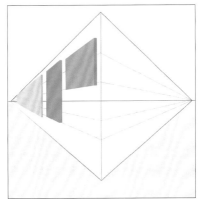

上图可以想象为一个美术馆。根据图示和在现实中的经验，正如你在一点透视练习中所做的那样，我们开始充实整个画廊墙上挂着的画作。从一面墙开始，我们将画作添加到墙面上。

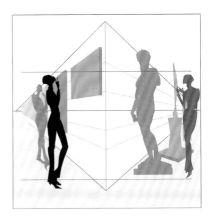
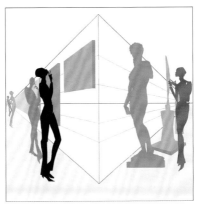

通过添加一些雕塑来平衡另一面画廊的墙壁。注意：尽管这些雕塑的尺寸不同，当它们在空间中后退时，仍然全部指向消失点。

2.3 时装画中的人体动态

　　头部、胸部和盆骨是人体三大组块，头部用椭圆形概括，胸腔用倒梯形概括，盆腔用正梯形概括。它们本身是固定不动的，其相互间的位置关系可以保持对称与平衡，当这些块面向后、向前弯曲或是旋转扭动，那么人体将会因为块面位置的移动和变化而形成动态。在塑造动态表现力时，通常通过加大"一竖、二横、三体、四肢"的变化来加强动态的生动性。

2.3.1 人体重心及重心线

　　在表现人体动态时，人体重心线是一条常用的参考线，它可以帮助我们判断人体的动态是否稳定。人体正常站立时，重心位于腹腔正中心，重心线就是通过重心向地面引的垂线。随着人体动态的变化，重心位置也会发生相应变化。在走动时，人体的双肩连线与双髋连线呈相反的交叉状，重心线穿过下巴、锁骨和支撑腿。要保持人体动态的平衡，有两个基本方法：一是减小上半身（头部、胸部、上肢）的动作幅度，将身体控制在支撑面积之内；二是拉开两腿距离，扩大支撑面积。

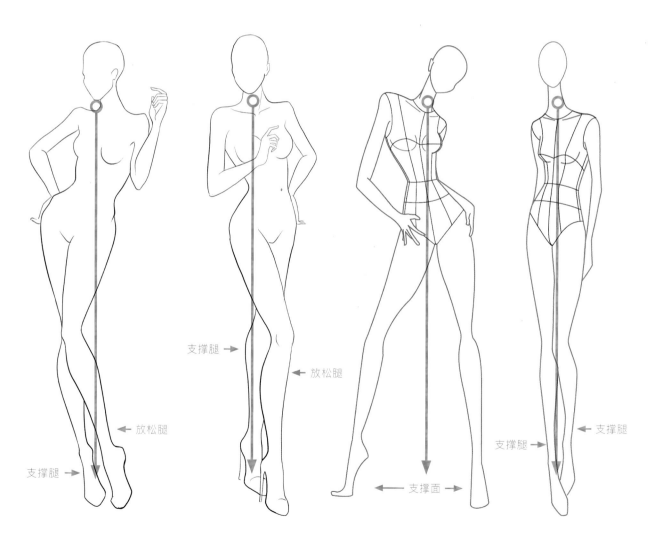

单腿支撑重心　　　　　　　　　　　双腿支撑重心

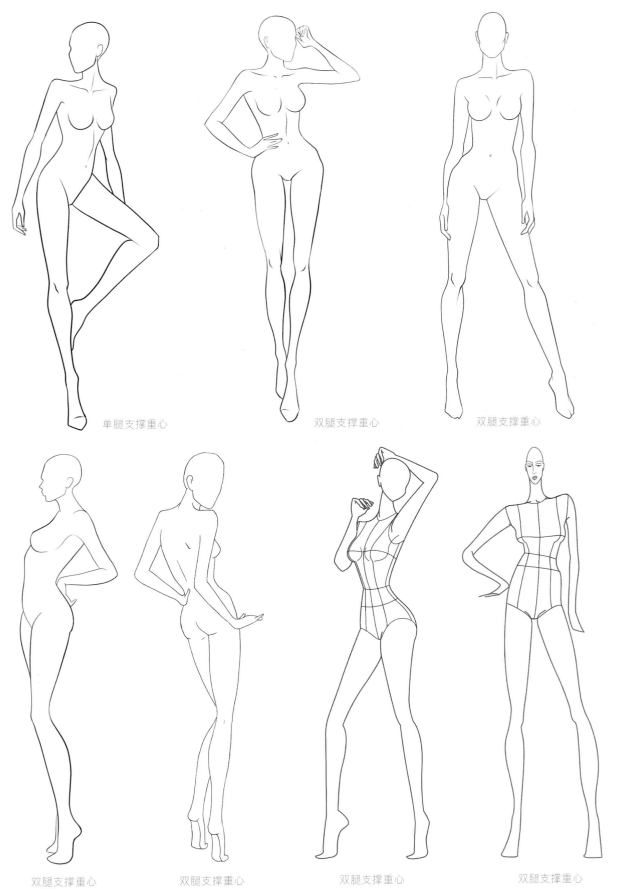

单腿支撑重心　　　　　　　双腿支撑重心　　　　　　　双腿支撑重心

双腿支撑重心　　　双腿支撑重心　　　双腿支撑重心　　　双腿支撑重心

2.3.2 站姿的刻画

站姿是在服装设计当中使用频率最高的姿势，它能很好地展现出衣服的整体面貌，加上模特通过各种姿势对服装的诠释，能更好地阐述设计者的理念。站姿首先要确定好人物比例关系和动态，后面再添画其他部分就比较轻松了。一种有效的训练方法是，让模特采取同一种姿势站立五分钟，我们不在纸上做任何记录。五分钟后，让模特休息，我们再凭借脑海中的印象，快速画出草图。

人物动态基本确定以后，从局部开始塑造，在画的时候遇见问题及时修改。上色时要根据人物结构来处理服装的用线，这样可以更好地表达出空间和体积。

在上色时，除了把衣服本来的色彩找出来，还要尝试把环境色也融入画面里去，这样色彩看起来会更加丰富和谐。画面完成以后要离远一些观察，看看是否有需要补充的地方，再进行调整。

2.3.3 坐姿的刻画

　　与站姿相比，坐姿在造型方面的要求要更高一些，因为这里面包含更多的结构变化和透视关系，在处理时很容易发生造型的错误。因此，我们在画坐姿的时候一定不能掉以轻心，要把人物透视和遮挡部分考虑充分，做到胸有成竹。有时，当我们用正负形的思维来思考我们的时装画时，会发现那些被我们忽视和遗漏的区域和我们用线条表现出来的内容同样重要。

　　一开始画的时候我们要先用铅笔把大概的位置确定出来，平时练习可以多画速写。本幅人物身体侧对画面，肩膀因为透视原因近高远低。动笔前注意观察人物着装的款式、材质和色彩搭配。图中人物上衣并非纯黑，可以用黑色画。在胳膊与身体交界处留出亮面，以区分前后并塑造体积感。

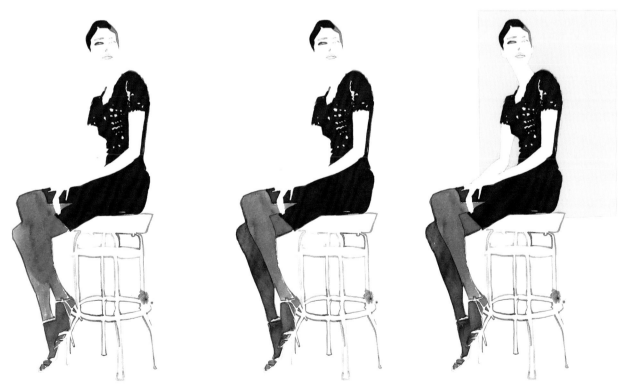

　　丝袜颜色经灰色、黑色、棕色调和而成，有渐变效果。画时可以先用清水晕湿腿部直接把颜色画上去，水彩会自然晕开。当画面比较单调时，可以用与主体色彩反差较大的颜色画出背景，使画面节奏感变得强烈。

2.3.4 走姿的刻画

通常画站姿状态下的模特时，其身体姿势变化不是很多，重点突出服装本身的款型即可。但是活泼、年轻化的品牌在展示模特的造型时就比较多样。事实上，我们是通过黑、白、灰三种颜色在塑造人物：人物的上衣通过黑色被强调出来，皮肤、面部或嘴唇等区域用灰色，白色则用来表现高光，整个人物才立了起来。

整体刻画法

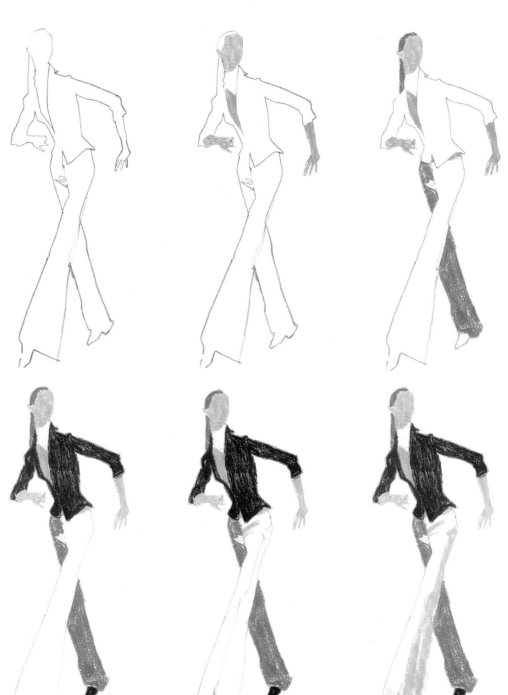

从整体出发，首先把握好人物的比例和动态，勾勒出人物的外形。用线时多注意头、肩、腰和腿部的位置变化，腰部处理得很细，跟喇叭裤形成很好地对比，凸显人物形象。涂色时按照整体来画，把相同色彩一并画出来，可以节省作画的时间。

各个部分的颜色一定要分开，同时明暗区分要明确，前后空间要拉开。

局部刻画法

首先，确定好人物动态，从局部开始入手进行描绘，要把各个部分的结构画准确。

透视角度比较大的时候，先把人体近处的形状画准确，有了参考以后再画远处的部分，这样就不容易画错了。手臂的姿态被固定在一个特殊的位置，左侧腰身线条弧度明显大于右侧。

膝盖的位置要表现清楚。腿部看似是一条直线，但是膝盖以下部位，裤管逐渐变大并发生弯曲，表现出宽松的特征。两条裤腿近大远小、近实远虚的关系要梳理清楚。

2.4 绘画实验与动态效果

在画服装设计图时，绘画材料和工具的选择不同，最终成画的效果也会有很大差异。在前面，我们介绍了石墨铅笔、水彩、彩色铅笔、马克笔等绘画工具，但在实际作画过程中，可应用的工具远不局限于此。这一节我们将选取一组人体动态，尝试塑造和表现出它们在一些特殊工具下所呈现的特殊效果。

石墨效果

软炭笔效果

硬炭笔效果

色粉笔效果

　　笔和墨是能产生多种效果的画具组合。在黑色墨水中加入水，混合成灰色调，再搭配速写而成的线条，简单的图像就被建构了起来。各种颜料的色彩在水的稀释下都可以变化，并被画家运用到画作中。

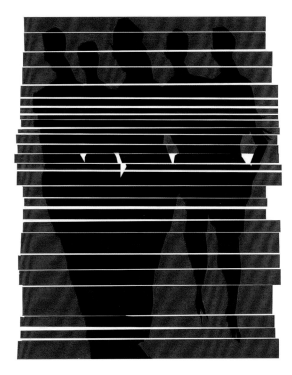

　　用一种少见的拼贴画的形式创作，能够赋予作品更多的可能性。拼贴的成功与否决于我们对构图的把握和正负形的感知。在这个过程中，保持开放的心态很重要，允许偶然事件和意外事件发生，并将它们用作新插画的催化剂。

在使用石墨铅笔时，我们可以通过分层的方式附着色彩，从而挖掘出绘画的深度。石墨绘制的线条非常清晰明朗，对于塑造纹理和实体的细节拥有显著的作用。石墨还可以被磨成粉状，从而塑造出某些特殊效果。

相比石墨，炭条的表现力显然更强，这是由于其颗粒较粗，不容易被揉匀造成的。炭笔的芯是由烧焦的柳木制成的，拥有黑色天鹅绒般的质地，手感更涩。在大面积涂色和表现人物的力与美方面，炭笔更胜一筹。

　　水粉是一种湿的介质，通常装在管中。这种颜料在画纸上易干燥，画盘中的颜料只要兑水就能很快化开。当我们用"厚画法"作画时，水粉的笔触较为硬朗，适用于质感比较厚重的画。在服装中，适合表现粗糙、厚重的面料。

　　水彩富于变化的特征可以帮助人们画出各种令人惊喜的效果，这一过程具有流动性和轻盈性，可以捕捉到时尚插图的虚幻神秘感。

我们使用的纸张类型将影响插画的最终效果。理想的纸张应该是具有吸水性的，而不是让它停留在表面上。冷压纸（有纹理的）比热压纸（光滑的）好，因为有纹理的纸能更好地吸收墨水。

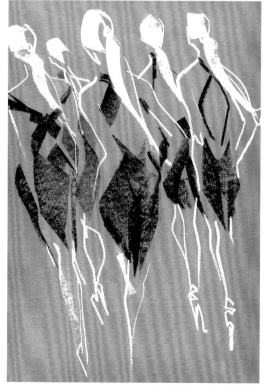

尝试使用不同的工具和技术，比如在大面积的颜色上作图，在潮湿的部位用湿刷子和干刷子进行试验，并为之添加细节。

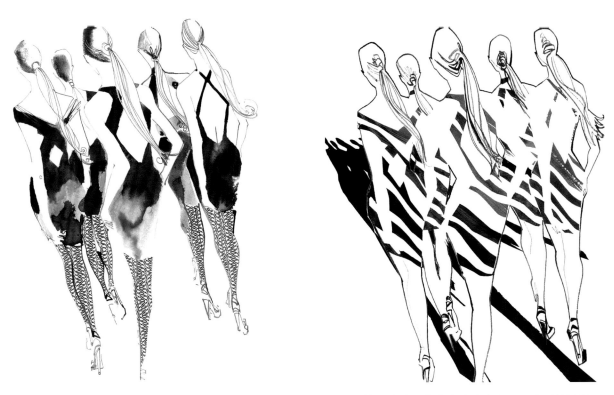

除了使用传统的手绘工具绘制外，时装画还可以借助 PS、AI 等图像处理软件合成或者加工。本页的四幅
人体动态图就是在水粉、粉彩和墨水画的基础上，经过电脑后期制作的作品。

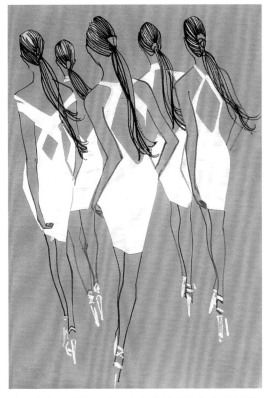

图像处理软件的运用，重新定义了插画的性质乃至于传统绘画艺术的创作方式。在艺术的创作和传播过程
中，这些软件正逐渐成为同石墨铅笔、彩铅、马克笔一样必不可少的工具。

03

第三章

时装画
表现与技法

3.1 时装画中的局部表现

　　人们对于美的渴求如此强烈，以至于我们一进入商场就能看到各式各样的饰品、皮包、化妆品。这些配饰在服装画中经常被用到，它们的作用有时候并不亚于围巾、手套和丝袜。这些配饰虽然在空间上只占据了局部的人体，但有时候却能独领风骚。这一节，我们将对人体局部的妆容和服饰进行讲解，为后面刻画完整的时装人体积累经验。

3.1.1 头部

　　人物头部关系复杂，画的时候需要注意把"三庭五眼"的位置标出。"三庭"是指从发际线到眉毛、从眉毛到鼻底、从鼻底到下巴的三处位置关系。"五眼"是指正面的脸部大概五个眼睛这么宽。人物眼睛的位置处在头顶到下巴的中间，在画眼睛时注意内眼角低、外眼角高的位置关系，两只瞳孔内侧边缘的长度，约等于嘴巴的长度。上述这些只是一个标准的说法，画真人时还是要根据人物特征来确定。

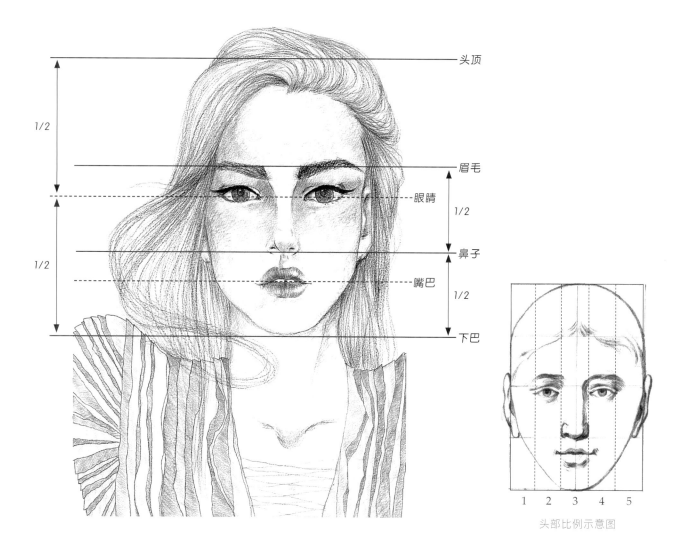

头部比例示意图

3.1.2 五官的刻画一

步骤一：用灰色和肤色确定出人物五官位置。

步骤二：用朱红色画出嘴唇的颜色，留出高光。用灰色和少许钴蓝调和画出眼睛的形状，用生褐和黑色画出瞳孔。

步骤三：用肤色加朱红色调配皮肤的颜色，将画面的光感交代清楚，再用生褐、黑色加粉色调和后画出眉毛和头发的颜色，耳环用熟赭色涂画。

步骤四：用黑色画出睫毛，加深头发暗部和耳环暗部，再在黑色里加入深红调出嘴唇高纯度的边缘颜色。

步骤五：用紫罗兰色加一些钴蓝和肤色，画出眼周和皮肤暗部，使色彩更加丰富。

3.1.3 五官的刻画二

除了在做个别表情的情况下，人体头部的左右两边是对称的。因此，要牢固地建立中线的概念。注意五官的比例和相对位置：鼻子的宽度约为一眼宽；嘴的宽度约为两眼宽；耳朵的位置位于头部侧面二分之一的后方，高度位置及其长度与眉毛至鼻底的高度位置及长度相当。

在具体刻画五官时，我们可以概括出某种经典的顺序：首先，画出头形、基准线及眼睛的位置，它们是最初的参照系。在正面像中，两眼间和两边各要留出一只眼睛大小的空间。在3/4侧面像中，眼睛遵循近大远小的透视原则。其次，画出发际线，按照一定比例定出眉毛、鼻子、嘴的位置，其中唇裂线是最重要的一条线。接着，画出完整的五官。注意在1/2侧面像中，鼻子和嘴唇突出于头形之外，还应注意颈圆柱体的角度和耳朵的位置。最后，深入刻画头发、瞳孔等细节，将人物的妆容表现出来，这样有助于增加人物的神气。

步骤一：用灰色和熟褐色大致确定出人物五官，头发的处理可随意一些。

步骤二：用群青加深眼睛和睫毛，用深绿画出瞳孔，嘴唇用紫色淡淡铺一层。

步骤三：用灰色在眼睛周围画出烟熏妆，用轻松的笔触去画，调和烟熏妆带来的僵硬感。

步骤四：用黑色画出眼妆，此处处理精细一些，不要太粗糙。

步骤五：用肤色、橙黄、紫罗兰色调配出皮肤的暗部，调和时不要调太匀，以免颜色变得污浊。

不同发型的刻画

头部造型案例

用水彩来画服装设计图，在色彩上可以很好地表达出画者的设计意图。水分的控制非常重要，应避免出现错误的颜色交融。

人物戴着帽子和眼镜时，虽然减少了
五官的刻画，但是眼镜与脸部之间的空间
关系仍然需要细致地刻画，同时，帽子和
眼镜在脸上的投影也需要交代出来。

3.1.1 眼睛

人们常说眼睛是心灵的窗口，诚然，眼睛所能传达出的东西很多，所以在眼睛的表现上就应该更加细致，表达出所描绘的人物的精神面貌。从造型上来看，正常情况下眼睛的结构是内眼角低、外眼角高，眼角要保持在同一条结构线上，两只眼睛中间的距离是一只眼睛的宽度。

眼妆的刻画

步骤一：先用肤色加橙色，多加些水把眉眼的位置确定出来。

步骤二：再用灰色画出上眼皮的颜色，眉毛用焦褐色添画。

步骤三：用白色或者高光笔点出眼睛上的高光。再用肤色加紫罗兰色丰富眼周肌肤的颜色。

用灰色加多一些水，勾勒出眉毛和眼睛的位置。一开始颜色不要画太深，以避免画错以后无法修改。再用焦褐色画出眉毛和瞳孔的颜色，最后用灰色加深眼睛的睫毛。

用肤色勾勒出眼睛的位置，睫毛处用灰色上色，在确定的位置上进行加深，把睫毛的形态勾勒出来，再用焦黑色画出瞳孔。

眼妆展示

眼睛的大小和形态的不同，传达给别人的感觉也不同，但是无论眼睛周围有没有彩妆，眼睛最基本的造型还是要刻画到位。

3.1.5 嘴

嘴巴是脸部运动范围最大、最富于表情变化的部位。嘴部依附于上下颌骨及牙齿构成的半圆柱体，形体呈圆弧状，位于面部的正下方，是吞咽和说话的重要器官，也是构成面部美的重要因素之一。嘴可以产生丰富的表情，其形态非常引人注目。

嘴唇色彩刻画

步骤一：用肤色画出嘴唇的造型，下唇比上唇要略厚一些。

步骤二：用紫罗兰色加重嘴巴的颜色，画出下唇上的高光。

步骤三：用青莲色画出唇中线和嘴角的线条，使上下唇的对比更明显。

步骤一：用肤色加朱红调和，确定出嘴巴的轮廓，描绘时注意唇中线的弧度。

步骤二：用朱红进行加深，上唇的颜色比下唇要重，下唇留出高光区域并细致刻画。

步骤三：用灰色区分上下唇，再用青莲色描边。

嘴唇色彩展示

红色唇

玫红色唇

橙色唇

口红的颜色可以和服饰进行颜色上的呼应，不同颜色下，模特呈现的整体风格也是不一样的。

嘴唇动态刻画

步骤一：用肤色确定出嘴唇位置，这个嘴唇较厚，画的时候下唇画丰满一些。

步骤二：用深红加青莲色画出嘴唇的颜色，涂色时要顺着嘴唇的结构来画。

步骤三：用深红加棕黑色勾出嘴唇边缘线，交代出对比关系。

步骤一：用肤色确定出嘴唇位置。笑容状态下的嘴巴嘴角上挑，弧度较大，造型一定要塑造准确。

步骤二：用深红画出嘴巴的颜色，要注意把边缘线画准确，不要渗透到牙齿上。

步骤三：在灰色中多加水，画出牙齿的颜色，把体积感画出来。

嘴唇动态展示

微张的粉色嘴唇

微笑的橘色嘴唇

抿着的紫色嘴唇

撅起的红色嘴唇

嘴唇的张合可以表达出喜怒哀乐，在画的时候要把它们的造型画准确，画出体积感。

3.1.6 上衣

　　上衣的分类较多，一般由领、袖、衣身、袋四部分组成，并由此四部分的造型变化形成不同款式。衣领位于视觉的中心位置，我们可以根据领圈线的位置画出领子。紧接着是上衣的轮廓线、袖子、门襟、腰带等。一件服装除外轮廓线外，衣片或裤片的内部还有扣眼及口袋，以及省、裥或分割线。

　　确定出模特的动态以后，接着勾勒出模特的身体，在身体的基础上刻画出服装，除了着衣效果外，也可绘制服装平面图，使设计图更具有展示性和阐述性。

　　若有衣服内外搭配，还可以画出透视图，帮助人们更直观地理解设计者的构思。衣片的结构要按一定顺序绘制，否则就不可能正确制图。例如绘制男女西服、中山服前衣片结构图时，先画前中线、外轮廓线和门襟线，再画出约克线、袋型、绲边和扣眼位置。

　　大多数夹克的袖子里都有内衬，所以袖子能够贴合简洁的圆柱形的手臂而不产生粘连。运动夹克通常有特定的裁剪、省道或缝线，一般落在侧缝和公主线之间。

3.1.7 裙子和裤子

裙子是一种围于下体的服装，广义的裙子还包括连衣裙、短裙、腰裙等。裙子具有散热性能好、穿着便捷、行动自如、美观等诸多优点，因此受众很广泛，其中以女性和儿童穿着较多。裤子，一般由裤腰、裤裆和裤腿缝纫而成。裤子就好像分出了两个衩的裙子，因此两者有一些共同之处。早期的裤子款式和颜色都比较单一，多是宽松的裤子；如今，根据材质、造型和受众的不同，裤子有多种分类，其款式变化主要由裤长和裤腿的松紧程度决定。按照裤长可以分为短裤、七分裤、九分裤和长裤，按裤腿的松紧程度可以分为紧身裤、直筒裤、休闲裤和宽松裤等。

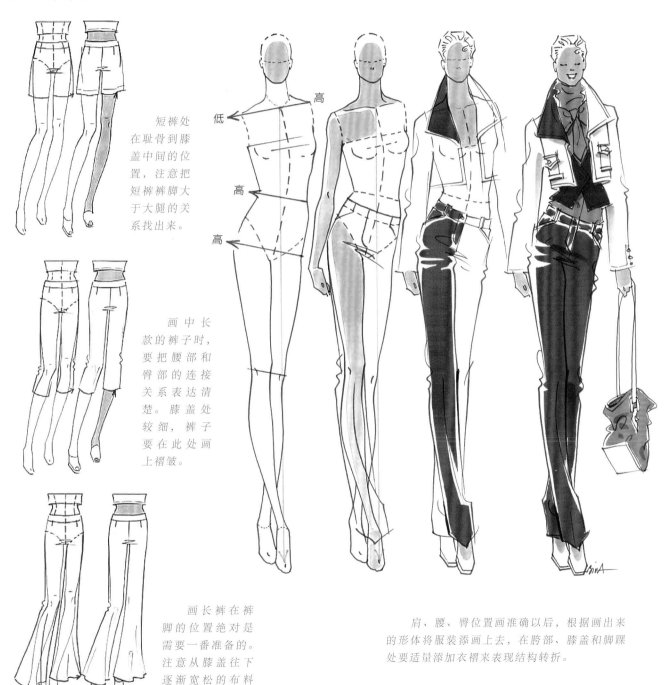

短裤处在耻骨到膝盖中间的位置，注意把短裤裤脚大于大腿的关系找出来。

画中长款的裤子时，要把腰部和臀部的连接关系表达清楚。膝盖处较细，裤子要在此处画上褶皱。

画长裤在裤脚的位置绝对是需要一番准备的。注意从膝盖往下逐渐宽松的布料所形成的褶皱。

肩、腰、臀位置画准确以后，根据画出来的形体将服装添画上去，在胯部、膝盖和脚踝处要适量添加衣褶来表现结构转折。

3.1.8 配饰

时装配饰的造型、色彩以及装饰形式可以弥补某些服装的不足，在许多场合，人们所追求的美感是借助配饰得以完成的。有人认为，人类存在着一种不能根除的情感，即对于寂寥空间的恐惧和对于空白的一种由压抑而转化生成的填补冲动，这或许就是配饰存在的意义。

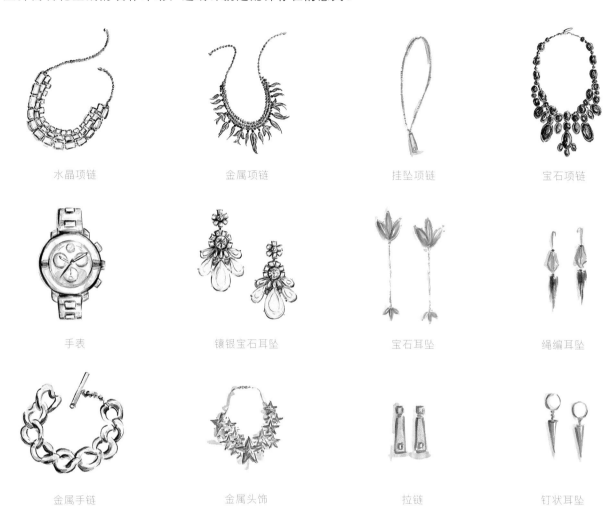

水晶项链	金属项链	挂坠项链	宝石项链
手表	镶银宝石耳坠	宝石耳坠	绳编耳坠
金属手链	金属头饰	拉链	钉状耳坠

皮草的刻画方法

步骤一：用赭石先把物体的底色铺出来，画出绒毛的走势。

步骤二：用生褐加深绒毛，把绒毛再刻画细致。

步骤三：继续深入刻画，把体积和质感塑造充分。

3.1.9 手

  手可以做出各种动作，十分灵活，因此在刻画上有一定的难度。在画手的时候要把手分成三个部分：手背、拇指和剩余四指。手背可以归纳成梯形，五指可以当成圆柱体来刻画，其中食指、中指、无名指和小指分三节，拇指分两节，从长到短依次是中指、食指和无名指、小指、拇指。一双好看的手搭配复古的蕾丝手套，优雅的气质就自然流露了出来。将手指画得修长一些，会让女性手部美感更加凸显。

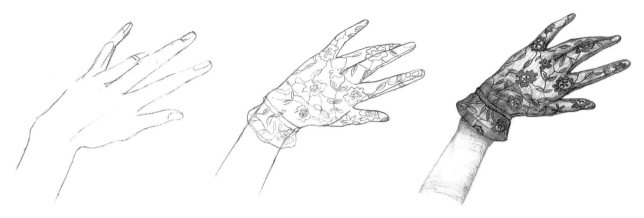

步骤一：在起形时把手掌当成梯形来画，注意手指不同的长度变化和在关节处的骨点表现。

步骤二：在手部基础上画出手套的外形和花纹勾勒，在腕部要注意将手套表现得蓬松一些。

步骤三：手套的明暗体积关系其实也就是手部的结构和明暗，把每根手指都当成圆柱来处理，等到体积感表现出来后再画手套上的花纹。

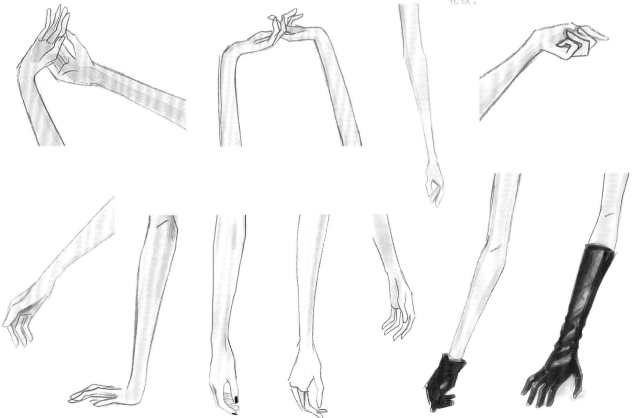

3.1.10 下肢

　　腿部拥有漂亮的结构和曲线，无论是站直还是弯曲等都使人物整体形态更加优美。在画的时候同样要把大腿和小腿当成一大一小两个圆柱来画，在膝盖处要把结构画出。脚部足弓天然弯曲，要与模特的姿势以及各种式样的高跟鞋相互配合。

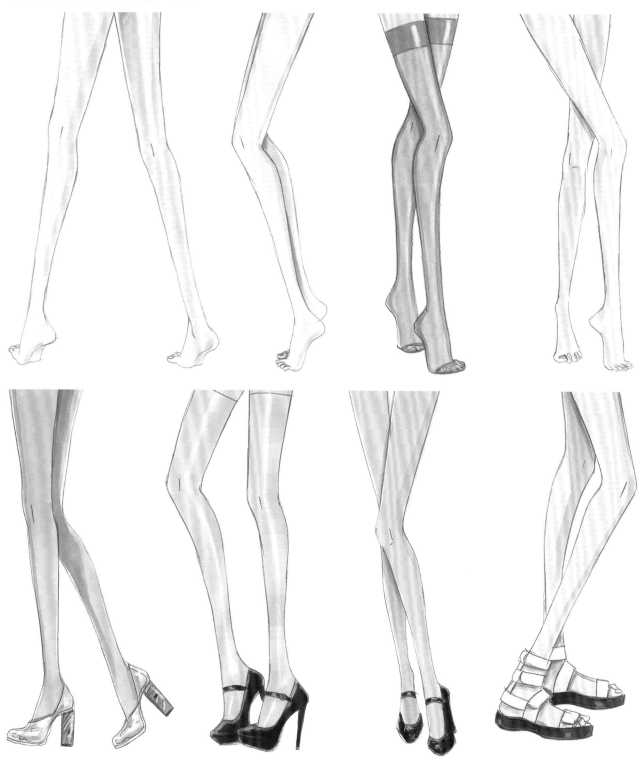

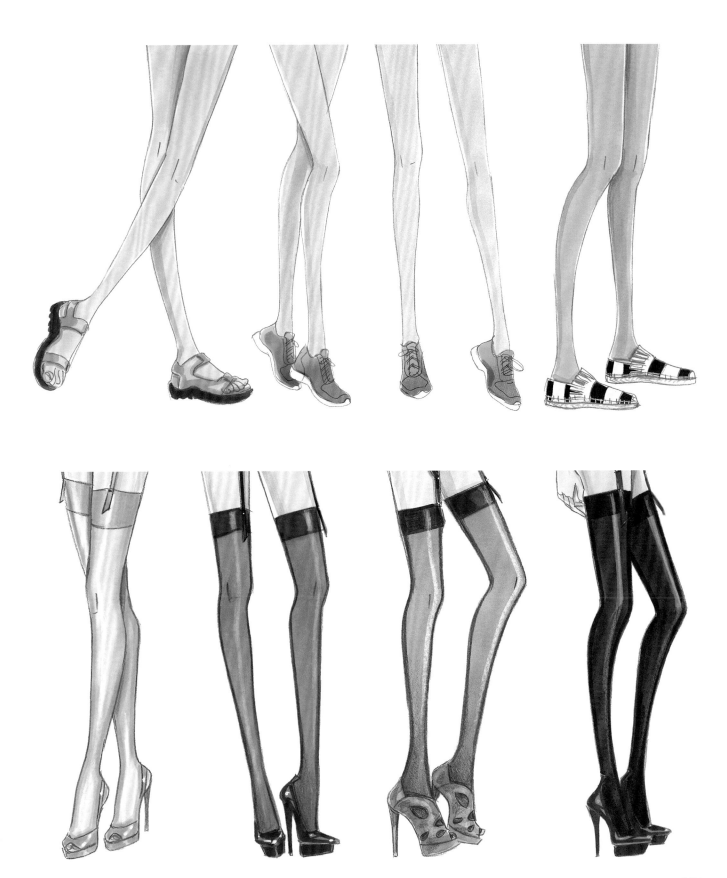

3.1.11 鞋子

　　鞋子外形多样，种类划分也较多，但是鞋子的基本轮廓大同小异。画时要参考人物脚部的大小，在正面或者侧面、俯视、仰视的角度下都会发生透视变化，因此在起形阶段可以将鞋归纳成几何形体来绘制，做好鞋头和鞋跟的空间和虚实关系。鞋底、鞋面的形不可含糊带过，要表现出厚度。

素描的步骤

步骤一：勾出鞋的轮廓，把鞋的结构刻画出来，注意鞋底的起伏。

步骤二：皮草排线方向要一致，还要画出基本的明暗关系。刻画皮草时注意疏密和层次感，塑造蓬松的感觉。

步骤三：继续深入刻画鞋子，通过设色的深浅对比，使高跟鞋的体积和质感更加明确。

常规类鞋子

线稿

上色效果

日常中的鞋子

拖鞋

平底凉鞋

松糕鞋

运动鞋

深口高跟鞋

一字扣带高跟鞋

平底皮鞋

粗跟高跟鞋

齐踝短靴

露趾高跟鞋

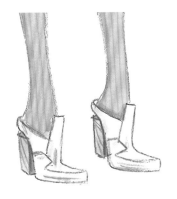
方跟高跟鞋

高跟短靴

高跟皮靴

高帮高跟鞋

无跟鞋

锥跟高跟鞋

创意类鞋子

豹纹的创意

冰雪的创意

玩具的创意

花瓶的创意

鸟笼的创意   鹦鹉的创意

蜜蜂的创意

Valentino

如果画的是有鞋带的鞋子，一开始不必理会鞋带，只要把鞋子的整体轮廓画出来即可。上色时分部位上色，可以先从大面积的色块入手。

0.1.12 手包和皮包

在现代人的生活中，包已经成为一件不可或缺的配饰。包不仅具有收纳物品的实用功能，其多变的造型和材质，使它一直是时尚界的宠儿。只要搭配得体，包就能为其主人增光添彩，衬托出非凡气质。在审美实践中人们逐渐认识到，包的艺术价值是与服装分不开的。服装和包一经穿用，便成为人们外表的一个组成部分，而两者内在之间也存在着某种配合关系。

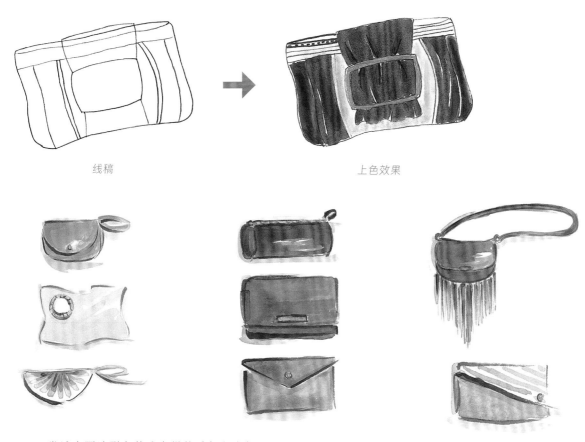

线稿　　　　　　　　　　　　　　上色效果

尝试去画造型和款式多样的手包和皮包，积累
素材和经验。有时，小小的皮包也能成为点睛之笔。

3.2 面料质感与图案的表现

　　时装画与传统素描画不同的是，不仅要实现明暗关系、结构转折和衣褶的塑造，还要着重刻画服装材质、纹理和图案。其中，面料是用来制作服装的材料，面料不仅可以诠释服装的风格和特性，而且直接左右着服装的色彩、造型的表现效果。在刻画时要根据面料的特性来塑造，如皮革需要强对比；丝绸质地光滑细腻，用色过渡要细腻，高光部分形状通常造型流畅；棉麻布相对粗糙一些，因此在画时要注意亮面不可留很白。另一方面，图案看似起着点缀服装的作用，但在现实中却起到意想不到的重要作用。

步骤一：用橙黄画出布的位置，把上面的花纹简单勾勒出来。

步骤二：用紫罗兰色画出点状花纹。

步骤三：用柠檬黄和浅绿分别画出小花和叶片的颜色。

步骤四：再用橙黄、湖蓝和紫罗兰在画面上进行花纹勾线。

步骤五：用棕黑色画出布面四周的线条，使体积更加明显。

步骤六：画完后仔细观察画面，看是否有描绘不充分的，对细节进行调整。

　　给简单的羊毛面料花纹着色时需注意到两个方面，即底色和基本图案。以上面的格纹为例，这是在花呢的基础上抽象、简化得到的图案。这种朴素中带有复古气息的纹样来自苏格兰的传统手工艺人，在经纬纱线之间加入等距的线条就能够塑造出其大致形状。勾出外形后，用水稀释过后的灰色画出布的底色，等快干时再勾画出纹理。因为花呢的表面不是很光滑，画时不要涂得太均匀。多层叠色时，要由浅至深上色。

3.2.1 化开图案

当我们给人物和服装着色时，浅色比深色更容易驾驭。在动作幅度大的区域应保留更高的色彩饱和度。另外，如果要保证用线的质量，近处的线要画得浓一些，远处的线则较淡。比如后方的手臂线条和背部线条可以画得虚一些。

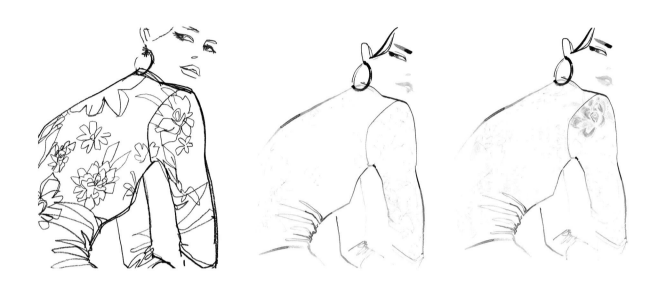

确定好人物动态后，把五官的位置和身体上的花纹交代一下。擦淡铅笔稿，用深红加赭石画出眼睛和耳环。然后加入生褐色勾勒出身体和胳膊。用紫罗兰色加肤色调出唇色。身上的花纹用深黄色平涂出底色。

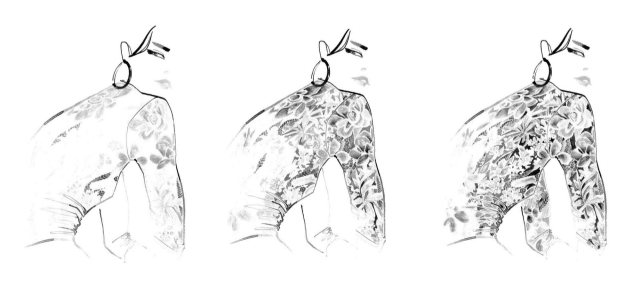

用深绿加深黄画出花纹的具体形状。用灰色填补花纹间的颜色，用深绿加深花纹。继续深入塑造衣服上的花纹，要把身体的明暗转折表现出来。

3.2.2 流霞图案

　　画人物动态时，首先要找准支撑动态的重心位置。人物重心主要体现在受力部位，比如站立、行走、下蹲的姿势，重心点就落在双脚或其中一只脚上，手落地支撑或后仰靠肘关节做支撑动作时，重心点就在手上或肘关节上。人体的重心不只落在一个部位，而是要根据不同的动态而定。一般来说，动作幅度越大，人体受力部位就越多，只有把重心找准，才能表现协调的动作。

　　用铅笔勾勒出人物的动态，此幅人物身体前倾、头微仰，后背起伏较大。在肤色中加入深红画出皮肤的颜色，注意脸部的强烈的明暗对比。服装的花纹用紫罗兰色和橙色勾出，花纹较为繁多，画的时候注意花纹之间的留白。

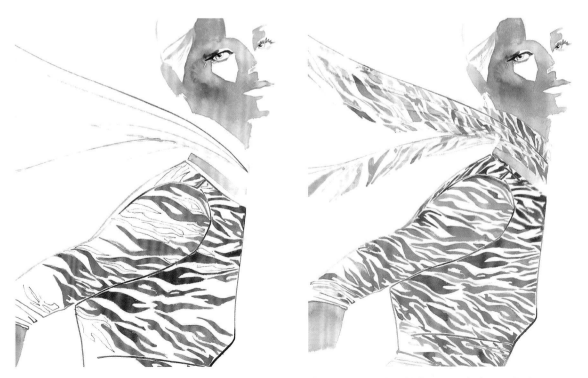

　　胳膊和身体的花纹要区分开来画，不要粘连在一起。把丝巾上的花纹也画出来，画的时候颜色要比服装上的浅一些、虚一些。

3.2.3 折线朵纹羊毛衫

画毛衣时，要画出毛衣柔软的质感，这就要求我们在处理衣服轮廓和褶皱时注意线条的起伏，不要画得太直，同时还要能表现出人体结构。其次，毛衣表面纹理较为明显，在上色时表面不要画得太光滑，排线时注意疏密。毛衣一般比较厚，褶皱用间隔较大的线条表示，不宜画得过密。

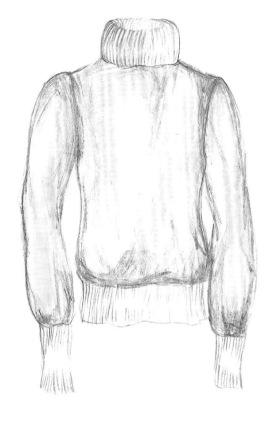

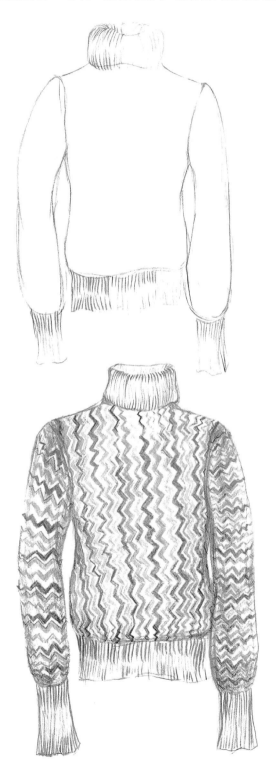

■■■ 朱红

步骤一：用朱红色彩铅勾勒出毛衣的外形，把毛衣厚实的特点画出来，在领口、袖口要处理得松动一些。之所以不用石墨铅笔是为了让颜色与后面的着色能够融合。

● 洋红

步骤二：用水稀释洋红色颜料，简单画出毛衣的底色，注意留出亮部，并非全部涂满。

■■ 深红　■■ 湖蓝　■■ 黄橙

步骤三：用红、黄、蓝三色彩铅画出毛衣上的花纹，袖子上的花纹要随着衣袖的转折而转折，用线条和色彩塑造衣服的体积。

3.2.4 无袖印花连衣裙

步骤一：用铅笔描边。画面中服装的样式比较简洁利落，在起形时用几何形把服装轮廓概括出来。定好纽扣的位置，画出主要的衣褶。

柠檬黄

步骤二：柠檬黄是服装的主体颜色，尽量将水彩涂抹均匀，别让颜色晕染出衣服的边缘。服装底色越清晰纯正，下一步为图案着色时就越容易。

深红

步骤三：用深红色水彩画出服装的红色斑块，小面积涂出红色后，用细密的点从红色色块边缘往外漫延。也可以用一小块蘸满红色颜料的海绵制造这种效果。

钴蓝

步骤四：最后一步用细笔作画。钴蓝色花纹在红黄底色的背景上显得十分醒目时尚，勾勒时落笔要稳，线条要肯定。

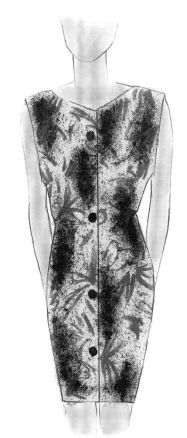

多种工具搭配效果

在绘画中，水彩和彩色铅笔各有长处，二者可以混合使用，使衣服的质感和色彩更加丰富。本页中的两幅作品，一幅通过对水彩水分的控制来表现蓬松的服装效果，一幅则是依靠彩铅来突出白色外套的颜色特征。

单一工具塑造效果

水彩上色时，控制好水分可使画面效果松动，通过大、小毛笔的描绘，使整体效果更为突出。画面中横竖条纹处理虚实得当、松弛有度，条纹也随着布褶的起伏而发生了起伏变化。

3.2.5 方格棉裤

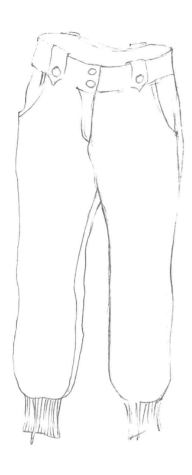

步骤二：细致勾勒出裤子上的条纹，注意条纹在衣纹处发生的形变，否则容易画得呆滞、无体积。

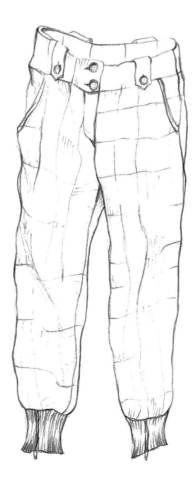

步骤一：裤子款型、面料不同，画的时候要依附模特的身体来处理，如在胯部、裆部，此外还与模特的动态有关。用铅笔勾勒出裤子的外形。裤子微微朝向画面左侧，在画裆部时要注意右裤腿对左裤腿的遮挡，膝盖部位要通过边缘线的起伏来表现。

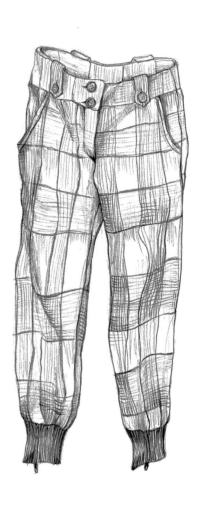

步骤三：画出裤子的基本明暗关系，拉开条纹之间的对比，在衣褶处加深。在画裤脚时要画出体积。

3.2.6 渐变色薄纱

步骤一：这条裤子质地比较轻薄，可以看见腿部的形态。在画的时候裤子线条要轻轻勾勒，然后用湖蓝色画出裤子的底色。腿部要画浅一些，留着后面画皮肤颜色。

步骤二：用普蓝和紫罗兰色水彩继续加深和丰富裤子的颜色，拉开明暗对比度。

步骤三：用肤色加洋红画出皮肤的颜色，被裤子遮起来的只需略微添加，再用湖蓝色过渡，否则会显得比较突兀。

3.2.7 分层百褶裙

步骤一：画出短裙的大轮廓，在腰臀部一定要根据模特的身体结构来画。

步骤二：细致勾勒出裙子上的布褶，画出布褶的翻转效果。

步骤三：裙子是层层叠叠的，因此在边缘处的用笔要明朗一些。黑色部分最后画，注意明暗区分。

3.2.8 条纹短裙

裙子包括连衣裙、裤裙、腰裙等。裙子一般由裙腰和裙体构成，有的只有裙体而无裙腰。

步骤一：用颜色稍淡的铅笔（HB或者更淡）勾线，细致勾勒出裙子的轮廓。在勾勒裙子上的条纹时，我们发现它们会在遇到褶皱时发生弯曲，要把起伏转折的结构通过条纹的弧度画出。

步骤二：用深红水彩画出裙子上条纹的颜色，再用肤色加洋红调出胳膊和腿的颜色。提供一个小技巧，在画裙子的条纹时，可以配合手腕的姿势转动画纸。

步骤三：用深红色继续加深裙子翻卷部位的条纹颜色，并在褶皱的凹陷处添加一些淡淡的灰色。相应的，可以稀释朝外鼓出的条纹，让裙子的立体感变得更强。

3.2.9 迷彩包臀裙

包臀裙外观就好像是一个尚未绽开的花苞，臀部相对于下裙摆更宽一些。包臀裙通常选择有弹性的面料制作，从而方便肢体活动。如果选用弹性较小的面料，服装在版型上会有所区别。由于包臀裙是紧贴身体穿的裙子，因此可以直接展现女性的腰部和臀部曲线。

步骤一：用铅笔画出裙子的外形，裙子最宽松的地方集中在下方，把口袋的层次关系交代出来。

步骤二：用深绿平涂出裙子的底色，不要完全遮住图案的轮廓线。

步骤三：用生褐色画出裤子上的迷彩花纹，勾勒时要细致一些，再用深绿加些许灰色加重绿色花纹。

步骤四：用黑色画出颜色最深的花纹，同时对裙子边缘进行细致的勾线，勾线能够使原本松垮的裙子瞬间变得直挺。

3.3 经典服装款式展示

　　服装款式是服装设计表现的初级阶段，它要求设计师们了解人体的基本比例和结构，还要掌握服装的基本造型、轮廓形状、面料质感和图案设计等多方面基本知识。服装款式一般可分为服装结构和流行元素两个组成部分，服装结构直接决定了服装的视觉效果，流行元素则会对服装的局部设计造成影响。

抹胸装　　　　　　　　连体泳装　　　　　　　　三角杯内衣

立领风衣　　　　　　　　　　　低胸背心套装　　　　　　　　　　衬衫式连衣裙

牛仔裙　　　　　　　　　斗篷　　　　　　　　　春秋休闲装

一字领中袖休闲装　　　　　　　　翻驳领双排扣大衣　　　　　　　　拿破仑式西服

落肩袖短款休闲装　　　　　　　　　直身连衣裙

04

第四章
流行时装风格解读

在表现轻薄质感的面料时，可以施淡彩，笔触和用线应轻松随意一些。在表现透明效果时，可以平涂或者叠加色彩。而在表现丝绸等面料时，注意塑造面料表面的光泽感。在色彩搭配时，可以尝试一些对比度大的配色方式，如黑配黄、蓝配红，使得人物形象干练而不失活力，动感中散发着清新气息。

　　我们在搭配服装时，有时需要考虑头发的颜色，这对于整体观感的和谐与否具有重大影响。如果模特的头发是深棕色的，可以搭配卡其色的上衣和棕色系的裤子。"上浅下深"的搭配方式同样是为了避免头重脚轻的局面。

金色的长发搭配浅色的眼镜和衣物会让人物显得甜美。粉色、印花图案和波浪式的发型对于某种精致风格的塑造往往起到很大的作用。

这两幅时装插画显得十分时尚，得益于配色和配饰的合理运用。左图将红、黄、蓝的邻近色配置在一幅明亮的画面中，我们得到的是一种纯粹的色彩体验。在某些摇滚乐队的专辑封面上，我们也曾见过类似的设计。而右图中的男青年佩戴着一副护目镜，科技感十足的红色镜片与老式飞行员的皮制扎带构成了强烈的视觉冲击感，这种复古与新浪潮的结合构成了一种极为新颖的艺术装饰。此外，盖在他头发上的变形发箍亦显得颇为奇特。

青年男子的鸭舌帽与他的服装属于
同色系或邻近色系，这种大面积的铺色
容易让人产生视觉疲劳，使服装搭配显
得平淡而没有特色，但好处是简单实用，
不会让人产生突兀的感觉。

西装领带所代表的精致风格时常让人
感到厌倦，逃离尘嚣的乡村风格一度成为
时尚界的宠儿，这种灵感主要来自吉普赛
人的服饰。每当他们移民到新的国土，就
会吸收当地的服装风格。如今我们印象中
典型的吉普赛风格形成于16世纪，这种服
饰融汇了热烈奔放的色彩、神秘的印花和
抽象的植物图案。

丝巾的主要作用是平衡自身搭配
单品的质感。丝巾最简单的功能是帮
助我们打破平庸，尤其是在我们全身
穿搭过于素雅、饱和度偏低的时候，
能够起到点缀的作用。丝巾一度是上
流社会中的重要配饰，即便在现代，
丝巾的佩戴仍旧会让人感受到某种典
雅的气质。

在当代人的固有思维中，面
纱是女士的专属品，这种装饰能够
让妇人们显得优雅。如果男人佩戴
了它，就会显得有些妖媚。而男
人佩戴耳环虽没有成为社会风尚，
却在叛逆和追求个性的青年群体
中非常流行。

05

第五章

时装元素的搭配

5.1 日常服饰搭配

　　服装的穿搭除了要适应天气的变化，还经常与出入的场合、人的身份以及人的性格有关。这一节中，我们选取的服装和配饰都是日常生活中比较常见的，我们应该注意其画法和搭配模式。服装搭配的颜色最好不要超过三种，否则会很难驾驭。比较保险的方式是让色彩具有统一性，或者有所呼应。

5.1.1 运动健身装

5.1.2 田园少女装

summer *JOY*

蓝色长裙、卡其色船鞋、草帽和麻布袋，这是一套非常经典的田园风格服装，显得清新自然。除此以外，碎花裙也是这一风格中的经典款式。

5.1.3 时尚活力装

一般来说，当裙子比较宽大时，不宜选择下摆特别宽的短上衣。但是对于元气满满的少女来说，这样的搭配反倒很合适，她们能把这种高腰裙穿出亭亭玉立的感觉。

5.1.4 魅力女王装

低胸连衣裙的色彩纯度极高，注意用深浅不一的蓝色表现裙褶和身形的起伏。眼镜和高跟鞋花纹斑驳且富有设计感，是这套服饰的亮点，对时尚有一定敏锐度和大胆新潮的人士会更喜欢这种搭配。

5.1.5 夏日清凉装

松石绿雪纺衫搭配黑白宽条伞状裙，风格整体轻松浪漫。背心与裙子分开搭配的方案不同于普通的连衣裙，这使得设计师的色彩选择更加丰富。因为腰带的作用，上衣的褶皱看上去是由一个点辐射出去的。

5.1.6 优雅少妇装

Paris
FASHION

经典的黑色短款
小礼服，让穿着者显
得性感而不失活泼。

5.1.7 端庄晚宴装

若是要参加晚宴，一
条精致的项链能够为它的
主人增色不少。

5.1.8 迷人聚会装

这套衣服的迷人之处在于上衣下端的裙皱，在绛色的衬托下，能够瞬间让职场丽人转变为聚会中令人瞩目的焦点。

5.1.9 职场丽人装

　　黑色收腰上衣、包臀裙再搭配纯黑色手提包，为那
些职场中处于战斗模式的女性提供了不错的着衣选择。
这一类衣型总体让人看起来挺拔干练，上衣呈 X 形，竖
纹均匀分布，随身形带有弧度。

5.1.10 休闲商务装

一些人习惯用黑色着装搭配红色的配饰，这样的组合让他们在人群中非常突出。黑灰色调的外套则能体现出内敛、利索的感觉，两种颜色相辅相成。

5.1.11 复古牛仔装

Boho "chic"

在绘制牛仔风格的服饰时，多选择麻、葛等粗糙质感的面料。

5.1.12 淑女套装

淑女套装适合性格安静的女性穿着，
色彩搭配以朴素和低对比度为主。

5.1.13 圣诞套装

毛线衣属于编织面料，其表面纹理是质感表现的重点。由于编织面料的图案造型是根据面料的纹理走向而生成的，所以在表现这类图案时，可考虑一定的方块状与锯齿状。工具可以使用彩色铅笔、油画棒等，而技法可采用摩擦法和勾线平涂等方法。

5.1.14 北欧提花毛衣套装

　　提花毛衣的美主要胜在"提"，撞色的搭配既有层次又不会太突兀，复古但不会觉得老气。主色调确定后，提花可以选择纯色，也可以选择撞色，或者直接用段染线来完成，各具美感。

5.1.15 极简披风装

黑白灰三色格纹的休闲披肩和随意的基础单品搭
配，是典型的纽约街头风格。

5.1.16 随性学生装

提花纹样的上衣和浅蓝色的牛仔长裤被随意
地搭配在一起，棕色的高帮鞋、松垮的背包反倒
让人感觉亲切而又踏实。

5.2 流行服饰搭配

第六章

不同设计风格的
时装案例

6.1 夏威夷海滩风

　　泳装是在水中或海滩活动时人们常穿着的服装，有一件式、两截式和三点式（比基尼）等变化。最初的泳装紧贴身体，遮裹着身体的大部分。现代泳装的色彩、式样和质料都超越了以往，形成了多色彩、多式样的泳装新潮流。其面料一般多采用遇水不松垂、不鼓胀的纺织品。

✏ 线稿的绘制　　　✏ 描边

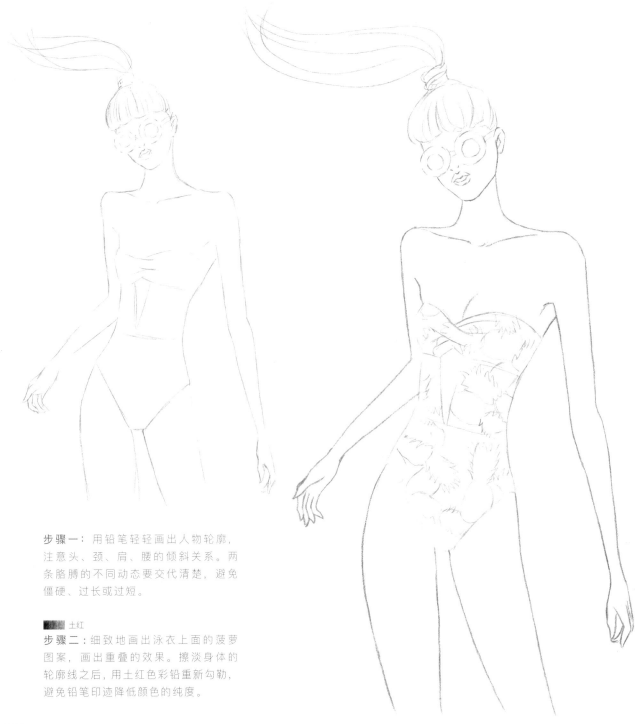

　　步骤一：用铅笔轻轻画出人物轮廓，注意头、颈、肩、腰的倾斜关系。两条胳膊的不同动态要交代清楚，避免僵硬、过长或过短。

　　▨▨ 土红
　　步骤二：细致地画出泳衣上面的菠萝图案，画出重叠的效果。擦淡身体的轮廓线之后，用土红色彩铅重新勾勒，避免铅笔印迹降低颜色的纯度。

人休及眼镜的着色

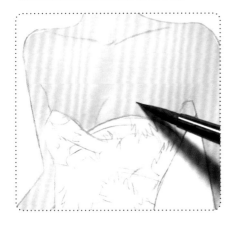
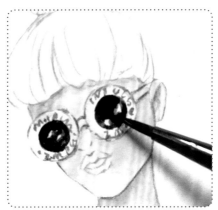

肉色　洋红

步骤三：用颜料调出皮肤的颜色。模特的肤色偏红，所以可以加入洋红颜料。如果拿捏不准，可以多尝试几次，设色要均匀。胸部的颜色要比其他部位淡，画出起伏的体积关系。

钴蓝　灰色

步骤四：眼镜镜片部分的蓝色很深，略带金属光泽，注意留出反光。灰色的英文字母环绕在周围的镜框上。

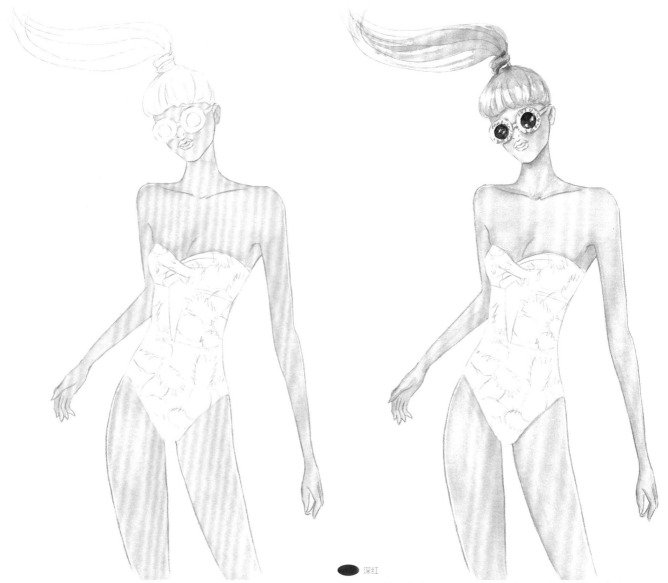

深红

步骤五：涂色时，胸部、胳膊、大腿要留出亮面部分，在双腿外侧边缘要留出反光。

步骤六：给骨点位置及皮肤暗部上色时，在肤色基础上略加些红色，画时衔接要自然。

比基尼的着色

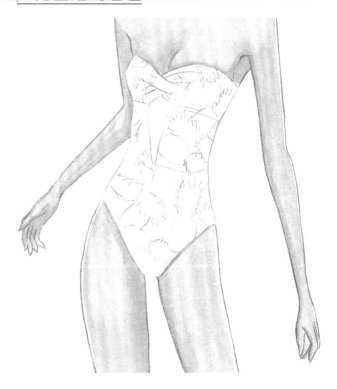

步骤七：在泳衣与身体皮肤交接的地方继续加深色彩，来塑造出泳衣和皮肤的空间关系。

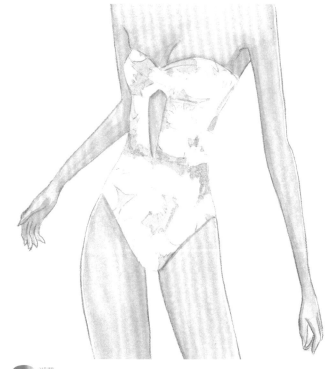

湖蓝

步骤八：用水稀释湖蓝色，画出泳衣的底色，在涂色之前最好把铅笔稿擦浅一些。

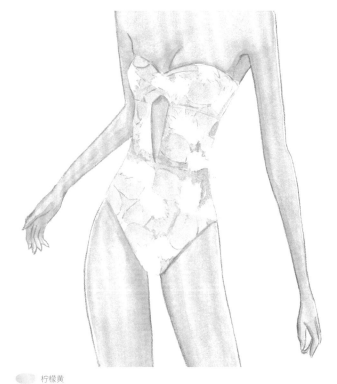

柠檬黄

步骤九：用调和的黄色为泳衣上的菠萝果实着色。

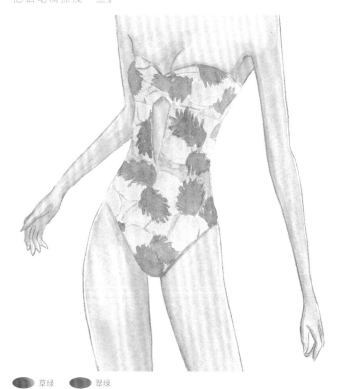

草绿　翠绿

步骤十：用调和的绿色给菠萝叶上色，使用小号水彩笔勾出菠萝叶的形状。

完成图

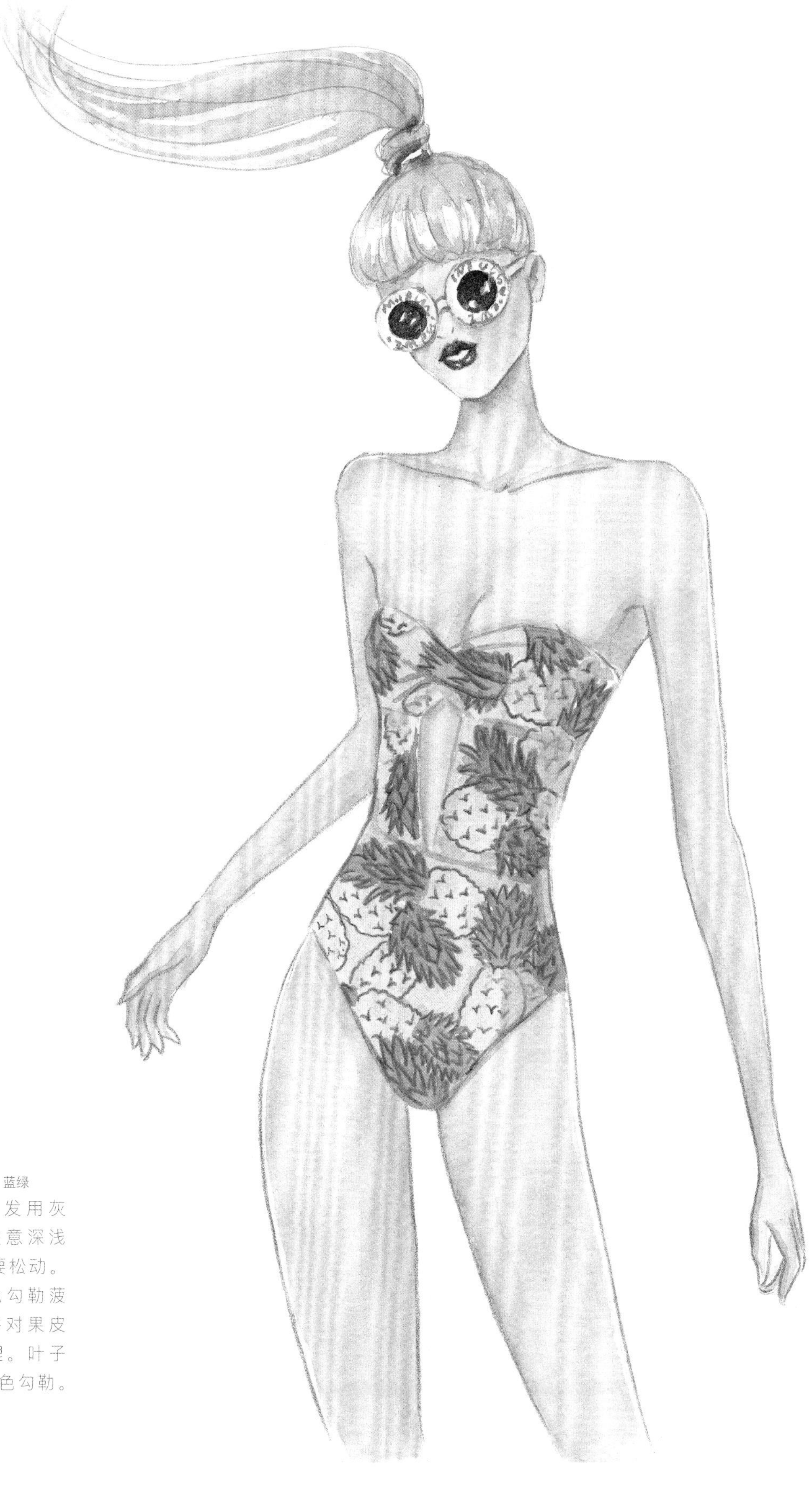

土红 蓝绿

步骤十一：头发用灰色画出，要注意深浅变化，处理时要松动。然后用土红色勾勒菠萝的轮廓，并对果皮表面进行处理。叶子轮廓线用蓝绿色勾勒。

内衣和泳装作品练习

　　内衣和泳装的线描几乎就是贴着人体线条在描画，我们只需要抓住不同款式的主要特征就能画好。在塑造内衣和泳装的时装画中，人体本身轮廓的刻画更为关键。从最终效果上来说，服饰几乎成了点缀。

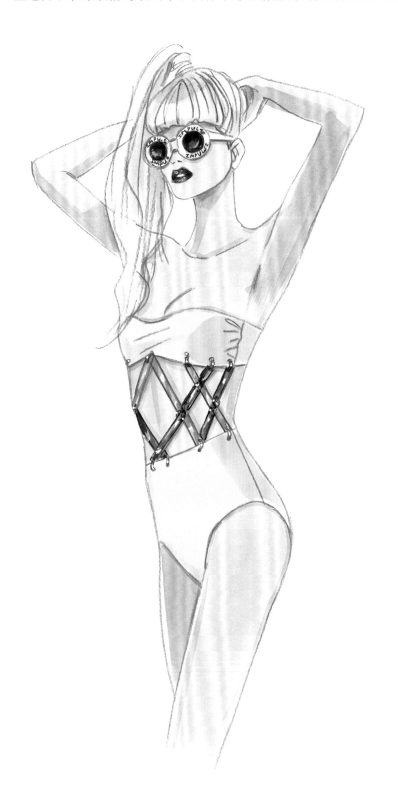

文胸主要用来保护和承托胸部，保持胸部的形
状。内裤也同样具有保护女性私密部位的作用。从
款式上看，文胸和内裤很多时候是分离的，不过，
连体内衣正逐渐受到人们的青睐。

文胸主要由罩杯、心位（鸡心）、肶
位（侧肶和后肶）、肩带和钩扣五大部分
构成。其面料主要包括棉、丝、尼龙、莱卡、
经编布、超细纤维等。

　　肩带是连接罩杯和后拉片（后肶）的部分，独立制作，有长度和宽窄的变化。文胸的肩带大多（背心式文胸除外）配调节扣，方便调节肩带长度。肩带不能有太大弹性，也不能完全无弹性，它的作用是帮助罩杯提高乳房，同时增加文胸穿着的稳定性。肩带如分前后，调节扣一般不会设计在肩顶，否则容易带来不适。

按照罩杯厚度分，文胸可分为超薄杯、薄杯、中
厚杯和厚杯；按材质划分，可分为直立棉、模杯、水
袋杯等；按款式可分为1/2杯、3/4杯、三角杯、蝴
蝶杯和运动文胸等。

6.2 意式复古风

　　复古的意大利式女装往往含蓄而富有品位，设计师在遵循品牌传统的同时加以创新，着重将日常着装改造为颜色多样、华丽性感又实用的设计。在秋冬款大衣的设计中，我们既能看到它的保暖功能，又能欣赏到其衬托之下的温柔端庄的气质。

🖍 线稿

步骤一：画线稿时注意把握人体的比例以及右肩前倾、左腿前迈的动态关系。裙子下摆的翻转关系要交代清楚。

🖍 头发和衣领的刻画

■■ 褐色

步骤二：头发用褐色加深，画出每一缕头发的体积和转折关系。留出高光部分。

■■ 赭石

步骤三：用赭石丰富头发颜色，把笔削尖顺着头发的转折来用笔。头发边缘再勾勒几根，看起来会更加自然。

■■ 肉色

步骤四：用肉色画出五官的暗部颜色，并用柔和的笔触向亮面过渡。

■■ 藏青

步骤五：衬衫是藏青色的，头发附近和衣领下用笔加重。衣领上要留出高光部分，项链的形也要预留。

■■ 朱红

步骤六：用朱红画出外套衣领上的条纹，在画条纹时要注意衣领的起伏关系，不要画成一个平面。

■■ 褐色

步骤七：衣领底色用褐色画出短绒毛效果，衣领的起伏关系要塑造清楚。衣领边缘可适当加深。

■■ 黄褐

步骤八：用黄褐画出外套颜色，在腰间皮带处画出挤压出来的褶皱，褶皱往外延伸时，过渡要柔和一些。

121

服饰的深入刻画

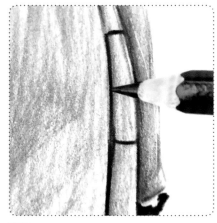

赭石

步骤九：用赭石加深衣服上的转折起伏关系。排线要细腻，不要画得过于生硬。

朱红　大红

步骤十一：用朱红画出裙摆的底色，翻转关系要交代清楚，再用大红继续加深，使体积更加丰满。

黑色

步骤十三：衣服门襟和口袋边缘用黑色画出，线条粗细要一致。

赭石

步骤十：用赭石加深衣服暗部，把前后空间关系继续增强，注意左手和衣服的前后关系。

大红

步骤十二：在画裙摆的时候要把风衣压在裙子上的投影画出来。投影会随着布褶的起伏发生变化。

黑色

步骤十四：用黑色画出手套和皮带的颜色。要注意留出高光，画出皮革的质感。

完成图

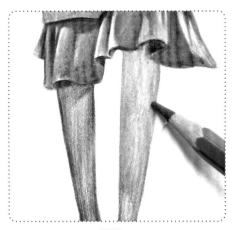

肉色　灰色　黑色

步骤十五： 腿部用肉色画出底色，再用灰色画出丝袜的基本颜色。腿部两侧到中间颜色逐渐加深，之后再用黑色轻轻加深。

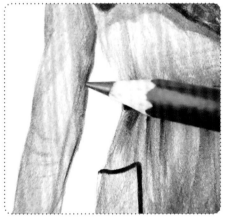

土红

步骤十六： 用土红加深衣服上的暗部，注意向亮面过渡时要自然一些。

黄褐

步骤十七： 用黄褐画出项链的颜色，高光部分多留一些，切忌全部涂满。

6.3 格纹风

　　通过不同的纹路交错、颜色拼搭与大小缩放的格纹组合，呈现在西装套装、长款风衣、裤装、短裙中，演绎出了或复古文艺、或潮帅摩登等千变万化的新姿态，能够满足人们各种审美需求。清一色的浅蓝素色格纹，带给人一种整体感和清新感。

线稿

步骤一： 本幅画整体造型简单，宽大的外套随意半搭在肩上，需要注意的是肩、腰、臀的动态关系，腰部不宜画得太胖。

头发和袖子的着色

■ 生褐

步骤二： 用生褐画出毛袖和短发的颜色。头发要分组来画，不要画平了，袖子在边缘处要勾勒出短促的线条，突出毛绒质感。

内搭和腰带的刻画

■■ 黑色

步骤四： 露肩针织衣用黑色直接来画，画出布褶，胸部用笔轻一些，突出体积。画出身体和衣袖的对比。

■■ 黑色

步骤五： 用黑色继续画出皮带的底色，皮带上方留出高光。二者都是黑色，因此一定要在明暗上加以区分。

■■ 肉色　　■■ 土红

步骤三： 皮肤颜色用肉色和土红均匀画出，采用竖线顺着结构来画。在眼窝、脖子等地方要加深，画出体积感。

服饰的深入刻画

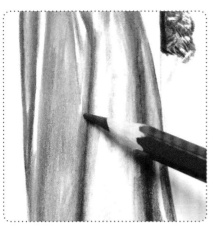

■■ 朱红

步骤六： 裙子底色用朱红画出，把布褶区分清楚，用笔顺着裙子的结构来画，因为裙子的皮质质感，所以高光要多留一些。

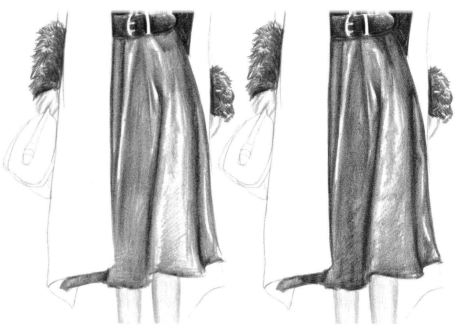

■■ 大红

步骤七： 用大红继续加深裙子，使颜色层次更加丰富，从而增强体积感。在过渡的地方要轻柔处理。

■■ 深红

步骤八： 再用深红画出裙子亮面的细微明暗，增强裙子的质感，第一层颜色不要画太重，避免画错难以修改。

■■ 浅蓝

步骤九： 用浅蓝画出外套的竖条纹，条纹并非完全平行，衣服表面的起伏感就是通过条纹的弯曲实现的。

■■ 浅蓝

步骤十： 同样的，在画横纹时，根据衣服起伏的幅度变化适当弯曲它们。

鞋、包等的深入刻画

青绿　黑色

步骤十一： 在画手提包的网格线和轮廓线时，画得虚一些。线条不连贯，颜色深浅相间。

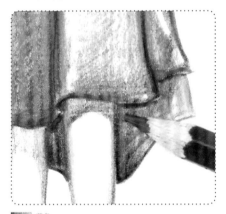

紫色

步骤十二： 外套下端在腿后因为不受光，颜色偏蓝紫。颜色过渡的地方画得柔和些，也可以用棉签擦拭出理想的效果，细腻的色彩更加贴合衣料的材质。

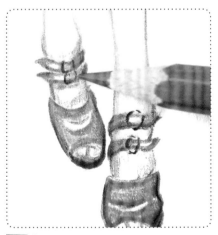

朱红

步骤十三： 鞋子用朱红画出，在边缘处加深，和脚做出对比。

完成图

6.4 拼接风

拼接设计可以说是改变时装界的一种大胆想象，但是不得不承认，设计师们的这种新奇的设计令我们对服装更加着迷。拼接思维一直影响着时装设计师们，在他们的手中不同颜色、不同面料的素材都能通过拼接做成人们想要的样子，而且不得不说拼接给我们带来了更多风格上的选择，拼接所带来的设计感极大地影响了我们对时尚的追求。

 线稿

步骤一：本幅同样是宽大的衣服，肩膀处也不要画太宽。臀部往右上方倾斜，右腿前迈的动势要正确画出。腿部前后关系要刻画出来。

 头发的着色

■■■ 赭石

步骤二：从头部开始着色，头发的底色接近赭石的颜色。注意留出头发的高光部分，靠近皮肤的地方适当加深一些。

■■■ 褐色

步骤三：加深头发，用褐色叠色，加强层次关系。

面部及腿部的着色

肉色

步骤四：有些彩铅中自带肉色，省去了调色的烦恼。在塑造人的皮肤时，我们可以直接用它上色，在眼眶和脖底适当加重颜色。

朱红　黑色

步骤五：脸颊处的红晕画得细腻柔和些，落笔要轻。眼睛用削尖的黑色铅笔刻画，瞳孔里明亮的反光区域要预留出来。

赭石

步骤六：脖子上的投影用赭石色轻轻画出，不要画得太生硬。

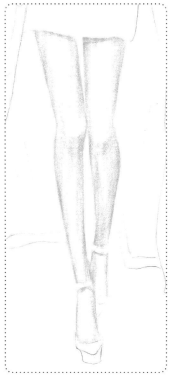

肉色

步骤七：腿部皮肤光滑细腻，需均匀着色。在明暗关系上，膝盖处和裙子下方颜色加重，后面的腿适当加深，与前面的腿做出对比。

大红

步骤八：鲜红的唇膏能够让人显得成熟美艳。这时候还要整体观察下皮肤的颜色是否能把体积交代清楚，进行适当调整。

外套的着色

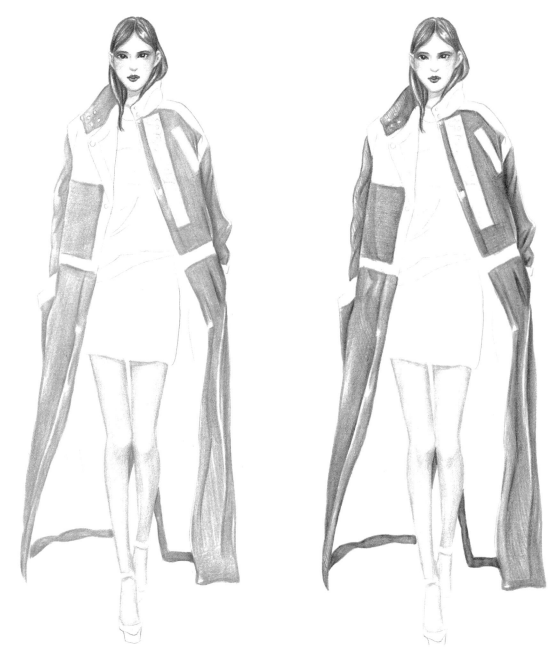

黄橙

步骤九：用黄橙色画出外套的底色，把袖子和身体的对比关系画出来。布褶处也要明确表现出来。

红橙　大红

步骤十：用红橙色继续在衣服上加深。此时线条感不要太强，以免和后续用大红色画斜线表现布面质感相冲突。

细节展示

浅灰

步骤十二：用浅灰色画出里面衣服的明暗关系，在布褶处加深以后，采用由上至下的排线方式把整件衣服都画上一层底色，使色彩更加统一。

■ 黑色

步骤十三：垂直握笔，轻轻画出领口和衣服下端的黑色线条，线条要松动一些，能更好地表现衣服的柔软质感。

■■ 红橙　■■ 大红

步骤十一：外套内侧底部的颜色不同于其他部位，用红橙色画出。再以大红色在衣服上均匀地铺上斜线，线条要整齐干脆，一次成功，切忌反复涂改。

裙子的着色

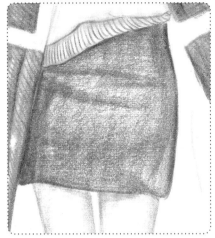

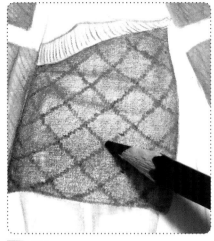

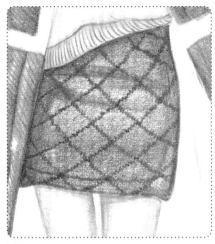

蓝色

步骤十四：裙子颜色有深浅变化，通过排线的疏密和用笔的轻重来调节。中间区域线条稀疏且颜色浅，在裙子边缘以及外套在裙子上的投影部位加深颜色。

普蓝

步骤十五：裙子上的网格图案是普蓝色的，线条呈弧形，要能够表现出裙子包裹身体的效果。

蓝色

步骤十六：在裙子下缘上部添加一条与裙边同样走向的线。靠近腿部皮肤的地方，裙子颜色较深，与腿部做出对比。

局部修饰

深红

步骤十七：外套内侧是深红色的，大腿及臀部周围颜色更深，用线要有弧度，线条向脚踝聚拢。

柠檬黄　中黄

步骤十八：衣服的黄色拼接纹案先用柠檬黄铺出底色，再用中黄画出明暗关系。胸前的绿色图标用翠绿着色，会显得鲜艳活泼。

鞋子的刻画

■■■■■ 黑色

步骤十九：用黑色画出鞋子颜色，高光部分留白能很好表现鞋面的皮质效果。

完成图

作品感悟

　　虽然在时装画的绘制中，我们会通过美化、夸张和概括的方式来塑造人体和着装，但是在描绘长款风衣等大面积遮挡人体的外套时，依旧要顾及人体结构，保证整体比例的和谐感。

6.5 日系甜美风

　　日系甜美风有一个很重要的特点就是暖色系单品组合，不管是外搭还是内搭，一整套暖色系服饰就可以搭配出日系甜美的感觉。第二个特征就是针织元素，针织天然给人柔软的印象。搭配颜色时要减少黑色系的单品，减少对人的压迫感，消除严肃感。

线稿

头部及上衣的刻画

▇▇ 黄褐

步骤二： 人物头发用黄褐来画，由上至下用笔画出头发蓬松的效果，头发层次要描绘清楚。

▇▇ 肉色

步骤三： 皮肤的颜色整体非常柔和，颜色较重部分集中在头发和皮肤接触的部位、眼窝、双颊和下巴处，过渡要自然。

步骤一： 画中模特身材高挑，上身衣物比较蓬松，肩膀一高一低；臀部往画面右侧微倾，身体重心集中在人物左腿上，右腿比较放松。在绘制的时候注意人物动势。

▇▇ 褐色　▇▇ 群青

步骤四： 眼眶用褐色加深，群青色的瞳孔要留出高光部分，下眼睑不要勾勒，不然会显得死板。

■■ 枣红
步骤七：用枣红色继续加深毛衣暗部，毛衣边缘不要处理太直，自然勾勒出绒毛。衣服上的明暗转折受到毛衣材质的影响，不能区分得过于清楚。

■ 桃红
步骤六：毛衣底色是桃红色的，在领口、袖口和胸部下加深，排线要整齐，表现出柔顺的效果。

■ 土红　■ 深红
步骤五：用土红色加深头发的暗部，丰富头发的色彩和体积。嘴唇用深红色画出，在唇中线加深，上下唇要画出明暗，表现出体积。

■■ 枣红
步骤八：用枣红色在领口、袖口和毛衣下摆处画出竖线，丰富衣服效果，在袖子内侧要轻轻加深边缘的绒毛。

裙子的深入刻画

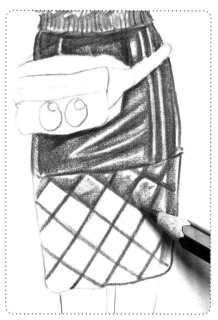

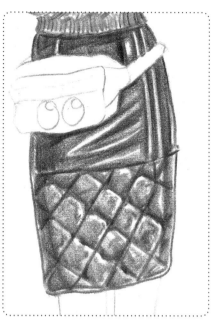

■■ 生褐

步骤九：皮裙用生褐色加深，用线不宜太乱，要干脆地画出高光部分，在毛衣下和腰包下画出投影。

■■ 生褐

步骤十：裙子下侧的网格形状继续用生褐色来细致刻画，每一块小方格的亮部都在右上方，左下方设色浓，要画出二者的对比。

■■ 生褐

步骤十一：裙子左侧要画出明暗交界线，用来塑造裙子顺腿部向后转折的空间感，颜色涂完后看看有哪些需要补充的地方，再加以刻画。

袜子的深入刻画

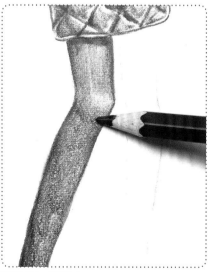

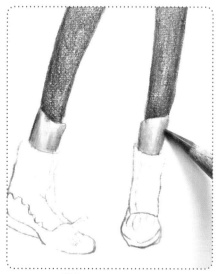

■■ 黑色

步骤十二：腰包明暗对比强烈，皮革质感突出，在画的时候要注意强对比的关系，把包的层次梳理清楚。

■■ 桃红 ■■ 枣红

步骤十三：双腿丝袜用桃红色铺出底色，在膝盖受光处轻涂，表现光感。双腿边缘用枣红色加重，往里逐渐过渡，还要注意大腿和膝盖下方的明暗关系。

■■ 柠檬黄 ■■ 红橙

步骤十四：袜子先用柠檬黄涂出底色，再用红橙在两侧加重，向里过渡，最后画上竖线。

✎ **完成图**

▇▇▇ 粉紫

步骤十五：鞋子白色上沿用粉紫色轻轻画出暗部，再把上面的褶皱勾勒出来。

▇▇▇ 黑色

步骤十六：皮鞋用黑色刻画，把鞋子边缘的花边画出，鞋头要留出高光。

6.6 民族风

民族风格的服饰是在传统的民族服饰上进行改良的服饰，服饰上多出现绣花、蜡染、扎染等工艺。在现代服饰中加入一些民族元素是现代非常流行的风格，适合于多种材质的面料。这件一片式的长衣有种袍子和褂子的设计感，不是近代的风格。宽松的设计掩盖了人体线条，突出了衣服本身的存在感。

🖊 **线稿**　　　　🖊 **肤色的刻画**

步骤一：本幅人物站姿比较简单，身体的动态都被宽大的衣服所遮掩。重点画出头部和肩膀的倾斜姿势，肩膀和胳膊的衔接关系处理要正确。

■ 肉色

步骤二：为皮肤着色的关键在于把明暗关系梳理清楚，尤其是头发下面、胳膊和衣袖的交接处以及长裙在脚踝上的投影。

头部及服装的初步刻画

浅灰 ▇▇褐色 ▇▇深红

步骤三：头发显然是灰白色的，能画出明暗关系即可。刻画眼睛时，注意左右眼的虚实关系。然后用深红塑造嘴部的体积感。

▇▇湖蓝

步骤四：衣服上的一条条纹路，就好像泛着光的湖水。排线时要整齐，在衣褶转折的地方加深。

▇▇湖蓝

步骤五：把蓝色条纹画出后，再加以调整，布褶处要向外柔和过渡，以凸显布料的柔顺感。

印花的深入刻画

■ 浅蓝

步骤六：印花外围被一片浅蓝色包围，采用垂直握笔的方式来画，在衣服起伏的地方仍然要画出明暗区别来。

■ 朱红

步骤八：红色花朵边缘处适当加深，边缘处理要圆润干脆。

■ 浅蓝 ■ 嫩绿

步骤十：画花朵时，采用排斜线的方式来上色，平涂均匀即可。

■ 朱红

步骤七：红花颜色抢眼，用笔力度可有所区别，处在布褶上的花朵也要画出布褶的体积。

■ 浅蓝 ■ 嫩绿

步骤九：用浅蓝画出红花的花蕊和旁边花朵的颜色，再用嫩绿画出叶片。

■ 粉红

步骤十一：用粉红继续刻画花朵，使裙子色彩更加鲜明。

 枣红

步骤十二：用枣红画出上面那些用来点缀的小花，依然采用平行排线的方式来画。

柠檬黄　黄橙

步骤十三：柠檬黄色的花朵点亮了整幅画面，在与布褶重叠的部位用黄橙色画出明暗。

配饰的深入刻画

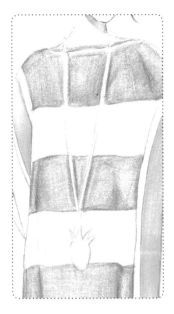

土黄

步骤十四：相对复杂的人体和服装刻画完成后，我们开始刻画其他的细节。

步骤十五：菠萝项链是土黄色的，勾勒出菠萝的纹理，高光部分同样要预留出来。

黑色

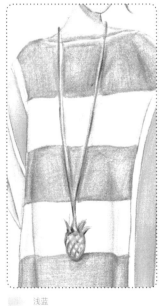

浅蓝

步骤十六：项链的暗部是黑色的，略描一下就行，不宜太多。

步骤十七：用浅蓝加深项链在衣服上的投影，表现出二者的对比和空间关系。

绘画现场

浅灰

步骤十八：连衣裙最外侧画出明暗关系，这是一种较浅的灰色，便于过渡。

鞋子的深入刻画

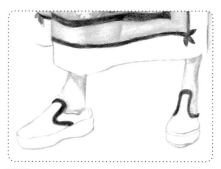

■■ 黑色

步骤十九：鞋沿用黑色加深，边缘要流畅，不要出现太干涩的笔触。

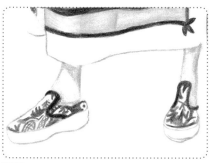

■■ 深红

步骤二十：鞋面上的花纹用深红画出，合理安排花纹的疏密关系。

衣襟的深入刻画

■■ 深灰

步骤二十一：衣服边缘的前后分界处用深灰加深，拉开前后关系。

完成图

6.7 网眼风

在服装中加入网眼，最直接的作用有两点：一是在朦胧中显示性感，二是透气凉爽。从造型角度来说，镂空的网眼设计本来自于建筑的设计。设计师在传统的线、面设计中加入了点，点线面的融合为服装造型增添了更多的美感和可能性。

✏️ 线稿

步骤一：本幅线稿，人物往画面左方斜站，肩膀呈近高远低的效果，腿微微前迈，在画时要注意其与臀部的衔接。

✏️ 头发和皮肤的刻画

■■ 土红

步骤二：头发用土红色来刻画，用笔时要顺着头发的梳理方向来画，分成后梳和侧梳两组来画。

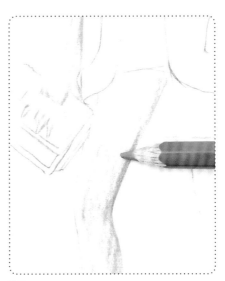

■■ 肉色

步骤三：用肉色画出身体肤色，腿里侧颜色较深，向外自然过渡，在最外侧要留出高光。

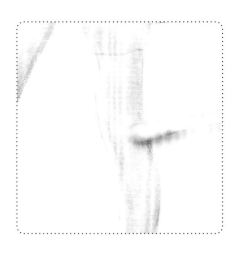

步骤四：用棉签擦拭腿部，让腿部的颜色和笔触更加细腻。注意擦拭的方向，顺着腿的结构上下均匀擦拭。

肉色

步骤五：画出脸部、颈部、腹部和手的颜色，在衣服和身体交接的地方加深，加强对比关系。

肉色

步骤六：继续加深和丰富身体上的细节，在膝盖处要加重，强调骨点结构。

眼镜的刻画

■ 枣红

步骤七：这一款眼镜框比一般的镜框要圆、要厚。留出高光部分，使眼镜框的体积更强。

■ 粉红

步骤八：镜片颜色用粉红来涂，留出镜面的反光，在外侧眼镜镜片上画出脸部的轮廓线。

■ 朱红

步骤九：涂出嘴唇的颜色。侧脸动态下，嘴巴近大远小，涂色要表现出虚实关系。

服饰的着色

浅黄

步骤十：为内搭的上衣涂色，下深上浅。这样做是为了在两色相遇的地方塑造出和谐的渐变色彩。

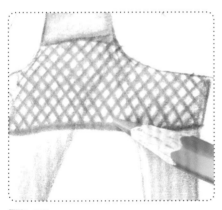

天蓝

步骤十一：裙子网格上的空洞大小不是完全一致的，排线要具备一些弧度，不要太直。裙子边缘时要画虚一些。

黄橙

步骤十二：为鞋子上的网格涂色。因为网格鞋是透明的，故而要把脚的轮廓轻轻勾画出来。

浅蓝　　浅黄

步骤十三：内搭上衣上蓝下黄，中间的绿色是两种颜色重叠后形成的自然过渡色。

服饰细节的深入刻画

朱红

步骤十四：为手包着色，预留出图案的位置。在包侧面和手部周围加深，跟白皙的皮肤形成对比。

浅灰　粉紫

步骤十五：上衣暗部用浅灰色先画出底色，再添画粉紫色来丰富白衣暗部色彩。

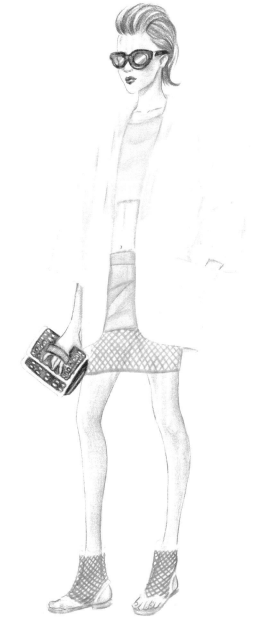

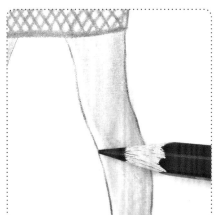

土黄

步骤十六：加深鞋底，鞋和脚部接近的区域也要加深。

土红

步骤十七：用削尖的彩铅勾出人物皮肤的边缘线。线条要肯定流畅，避免生涩。

完成图

■■ 深紫

步骤十八：用深紫色勾画出上衣的边缘线及布褶。线条要有弹性，能很好地表现衣服质感，切忌生硬。

■■ 黑色

步骤十九：在衣服、手包、鞋子以及胸前椰树图案等位置涂上黑色，注意拉开明暗对比关系。

6.8 中性风

中性风也可以叫作男友风、BOY风，现今已经成为各大时装服饰品牌设计师关注的重要主题之一。因为混合了自信、幽默和天真无邪的性感，中性风展现出一种冷静、自我、超越性别界限的时尚感。这种风格的出现，或许是因为人类想要寻求毫无矫饰的个性美，性别亦不再是设计师考虑的全部因素。介于两性间的中性服装以其简约的造型满足女性在社会竞争中的自信，并成为街头一道独特的风景。

线稿

步骤一：本幅人物造型较为硬朗、干练，在起形时把人物侧面的动态抓准，胳膊与衣物的前后关系交代清楚，身体重心在人物右腿上。

■■■ 土红

步骤二：用油性勾线笔勾勒出整体线条，线条要流畅、肯定，不能反复涂改。脸部和胸前用油性彩铅勾出。

帽子、上衣的刻画

CG3 冷灰　CG5 冷灰　天蓝

CG9 冷灰

WG0.5 暖灰

步骤三：在塑造硬质面料时，用冷色刻画会取得很好的效果。帽子正面有暗部，注意加深，落笔重、收笔轻。帽檐上方用天蓝色画出。

步骤五：帽檐部分由于背光，颜色较深。在帽檐边缘处适当加深，表现出厚度。

步骤七：袖口翻转处用暖灰色画出明暗关系，不要全部涂满。

CG3 冷灰　CG7 冷灰　CG9 冷灰

WG0.5 暖灰　天蓝

步骤四：帽檐在上色时，采用平涂法来画，不能交叉涂色。

步骤六：上衣用 CG3 冷灰先画出基本的明暗关系，再用 CG7 冷灰加深。衣领下方、胳膊旁则用 CG9 冷灰画出上面的投影，使明暗关系更加强烈。帽子用 CG7 冷灰再适当加深。

步骤八：白衬衣用暖灰色画，一是为了拉开与外套的对比，细头画出基本的明暗关系，再用天蓝色丰富暗面颜色。

裤子、鞋子的刻画

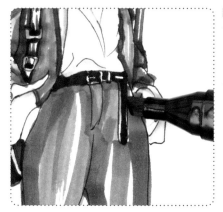

■ 黑色

步骤九：皮带是黑色的，要把皮带的厚度表现出来。

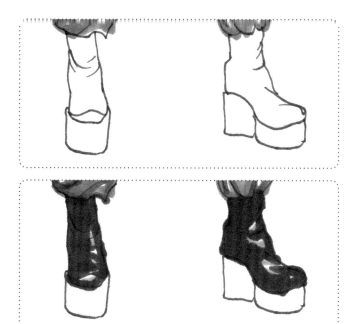

■ CG9 冷灰　■ 黑色

步骤十：用冷灰色画出鞋子。皮鞋明暗对比强烈，在鞋面挤压处留出亮部，再用黑色顺着鞋子结构加深。

步骤十一：用高光笔在鞋子上点缀高光，强调出鞋面质感。

■ CG7 冷灰　■ CG9 冷灰

步骤十二：裤子底色是很深的灰色，在布褶处要加深，同时裤子上的高光部分也要留出，避免一片死黑。之后再用接近黑色的灰色加深布褶处。

五官、皮肤的刻画

鲑鱼粉　　胭脂红

步骤十三：用与肤色接近但比肤色深的马克笔画出皮肤暗部，在帽檐下适当加深。唇色为胭脂色，用细头画，要注意嘴唇的体积。

CG9 冷灰

步骤十四：完善裤子细节，使色彩的表现更加丰富。

作品感悟

在表现带有光泽的面料时，要事先仔细观察以确定高光的形状。画完后，用橡皮擦亮高光周围的区域，深入表现色彩关系。

完成图

6.9 街头百搭风

花纹和印花一度受到少女的追捧，与印花相匹配的条纹衫、裤脚的几何形看起来非常得体。混合搭配的关键就是保持上下身比例的和谐，保持整体风格随意又有个性。

线描

S形动态

步骤一：本幅人物动态整体呈S形，肩膀和臀部的倾斜使得人物动作优雅迷人。重心集中于人物左腿，右腿微弯。上身的阔口短上衣和阔脚长裤搭配，节奏感很强。

步骤二：用油性勾线笔画出服装的线条，裤子上布褶较多，在勾线时要注意取舍。

上半身的刻画

▨ CG1 冷灰　▨ CG3 冷灰　▨ CG9 冷灰

步骤三：用浅灰色顺着帽子结构画出底色，再用中灰加深帽子的暗部，帽檐部分用深灰勾出，留出上面的高光。

▨ 蔚蓝

步骤五：帽子花纹用蔚蓝色画出，注意疏密关系要处理得当，不要太拥挤。

▨ 胭脂红

步骤七：用胭脂红色画出衣服上的条纹，涂色要利落，不宜多次上色。

▨ 蔚蓝

步骤四：用蔚蓝色画帽子花纹时，在暗部要涂画轻一些，以跟亮面区分出虚实关系。

▨ 橄榄绿　▨ 赭石

步骤六：头发底色是养眼的橄榄绿色。在头发转折的地方要加深一些，同时亮部要留出，让头发显得更柔顺。随后用赭石色适当加深即可。

▨ 胭脂红

步骤八：在刻画衣服上的条纹时，在袖子和身体的交接处要适当加深一下，以免出现粘连的情况。

裤子的深入刻画

■ 松石绿　■ 蔚蓝

步骤九：用松石绿平铺上衣的底色和裤腿上的蓝色小花，再用蔚蓝色在头发旁、布褶处加深，使体积更加丰满。

■ WG2 暖灰

步骤十：裤子用暖灰色加深暗部，顺着裤子的结构去画，涂色不要太多。

■ CG9 冷灰

步骤十一：裤脚用 CG9 冷灰色画出，把布褶简单勾画几根，突出转折效果。

■ 胭脂红　■ 玫瑰红　■ 杜鹃紫

步骤十二：画出裤脚上的花朵图案，花朵处理时要紧凑一些。

■ 深绿　■ 蓝色　■ 黄绿

步骤十三：画出花朵周围点缀的叶子，添加时灵活一些。蓝色条纹使得花丛图案与裤脚黑边的衔接更加自然。鞋子用黄绿色画出，同样要留出高光的位置。

面部的刻画

■■ 肉色

步骤十四：用油性肤色彩铅画出手和脸的颜色，额头、脖子以及袖口下都要稍微加深一些。

■■ 群青 ■■ 朱红

步骤十五：用油性群青色彩铅画出眼睛，留出高光。用朱红色刻画出嘴巴，双唇之间的缝隙部位颜色较深。

完成图

6.10 朋克风

　　早期朋克的经典装扮是用发胶胶起头发，穿一条窄身牛仔裤，加上一件不扣钮的白衬衣，在腰间别上一部随身听，耳朵里听着朋克音乐。20世纪90年代以后，时装界出现了后朋克风潮，它的主要标志是鲜艳、破烂、简洁、金属。在发型上，"铲青"风格的发型依旧十分流行。

✏ 线稿

步骤一：人物身体正对画面，姿势随意自在。起稿时要正确画出胳膊的弯曲度。人物腿分得较开，构想好衣料遮盖下的形体结构，注意其与胯部的连接。

步骤二：用油性勾线笔勾出服装线条。上身夹克上的花纹较多，在画的时候要细心一些。衣褶主要集中在关节处，线条相对稀松简洁。

上衣的刻画

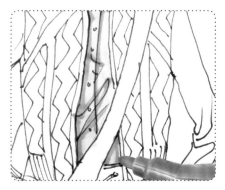

■ 黄色　■ 橙色

步骤三：衬衣底色用黄色画出，再用橙色加重暗部，把夹克在衬衣上的影子交代清楚。

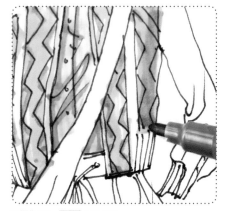

步骤六：画面中的衬衫颜色十分鲜艳，在画的时候把上面的明暗关系仔细刻画出来。

■ 栗色

步骤七：夹克衣领、拼接条和下摆处用栗色画出，在刻画衣领时把衣领的亮部留出，交代出体积关系。

■ 黄绿　■ CG3 冷灰

步骤四：夹克颜色很鲜艳，上色时按照上面的花纹方向用笔，然后用灰色加深两侧的暗部。

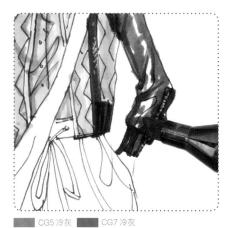

■ CG5 冷灰　■ CG7 冷灰

步骤五：画衣袖时，用笔顺着衣袖的结构转折来处理，留出上面的高光。

■ 黑色

步骤八：用黑色马克笔的细头画出衣领和下摆上的条纹，使细节更加丰富。

服饰的深入刻画

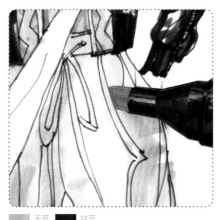

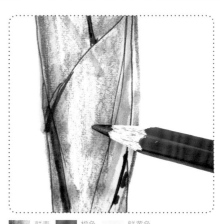

赭石　　栗色

步骤九：刻画头发时，顺着头发的梳理方向用笔可使头发看起来更加柔顺。再用栗色加深，让头发层次更加丰富。

天蓝　　钴蓝

步骤十：裤子底色是比较浅的蓝色，在裤子两侧和布褶处颜色加深。再用钴蓝色勾画出裤子上的条纹和波点。

群青　　橙色　　鲜黄色

步骤十一：用群青色铅笔侧锋在裤子上铺一遍颜色，丰富裤面布纹效果。画鞋子换回马克笔，注意内外色差。

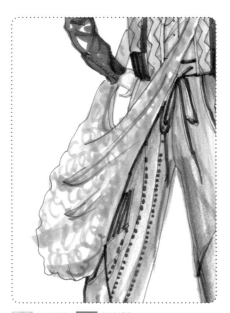

完成图

CG3 冷灰　CG6 冷灰

步骤十二：布袋表面用冷灰色画出暗部，再用更深一些的灰色画出表面的圆圈纹理。给鞋尖部分涂色后，人物塑造就完成了。

作品感悟

　　多尝试不同风格服饰的绘制，平时可以随手涂鸦一些"作品"。顺着自己的情绪和经历，将灵感记录下来。长期的涂鸦有助于个人风格的形成。

6.11 海洋风

　　海洋风格服饰的最显著特征就是蓝白配色，面料多以棉、真丝、雪纺等轻薄材质为主。在配饰上，有时会搭配贝壳、珊瑚等手链或项链。总之，海洋风的服饰能让人们在第一时间感受到轻快和清新的气息，就像是赤脚走在沙滩上，风吹过面庞，让人心情舒畅。

线稿

体态和头发的刻画

赭石

步骤二：用赭石色勾出皮肤边缘线，在勾线时要把身体的骨点表现出来。

熟褐

步骤三：将熟褐色调水稀释后，先涂出头发的底色，把头发基本的前后关系交代出来。

步骤一：模特一手插在兜里，一手拿着包，仿佛正在等人。人物身体的重心在左脚上，右脚微微前伸，两只脚一正一侧。在起形时要把动态抓准。

熟赭

步骤四：在熟褐色的基础上略加一些熟赭色，调和后把头发的暗部画一下，把头发质感处理蓬松一些。

皮肤和服饰的刻画

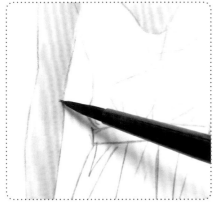

洋红　　肉色

步骤五：调出均匀的肤色，接着再添加些洋红把皮肤的暗部画出。注意亮暗面的过渡衔接。

草绿

步骤六：用水调和出较浅的草绿色，勾勒出头带和项链宝石的颜色，要留出高光。

钴蓝

步骤七：衣服先用清水晕湿，接着画上钴蓝，第一遍上色要浅淡一些，特别是胸前和腿上的亮部。

鞋、包等部位的深入刻画

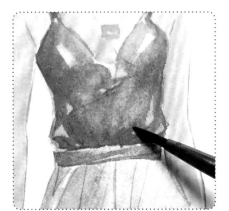

●● 钴蓝　●● 群青

步骤八：等到衣服水分半干时继续用钴蓝略加群青色加重衣裤色彩，并在衣纹转折处进一步加深。

●● 洋红

步骤九：用洋红色水彩给项链、手包以及鞋子画上颜色。包上的颜色较浅，调颜料时适当多加一些水。

完成图

作品感悟

  绘画也是一个认识自我的过程，不要把反复的绘画训练当作机械的作业，而要学会在绘画时认识自己的特点和优势，并学会放大自己的优势。

6.12 摇滚风

　　随着天气转冷，御寒神器面包服横空出世，将羽绒带来的厚重感升华为灵动风尚，成为本季的新宠。20 世纪 90 年代从时尚界光荣退役的面包服本季卷土重来，可以看到，无论是设计师还是街头时尚达人，又都纷纷穿起睡袋似的大外套，潮流指数简直爆表！如果搭配棱角分明的黑色墨镜和黑色高帮皮靴，就会变成彻头彻尾的摇滚风格。

线描

步骤一：本幅画面上半身衣服较为厚实，手部动作幅度较大。在起形时把外套穿在身上的随意感和与衣袖的前后关系找出来。人的重心落在右脚上，左腿自然往前伸。

头发和皮肤的刻画

生褐

步骤二：头发用生褐色画出。在肩膀处头发较多，需要把层次关系画出。

熟褐　　肉色

步骤三：在上一步的基础上，用熟褐色继续加深头发，塑造体积，要留出高光。对于发丝上的高光可用肉色轻轻勾勒几根。

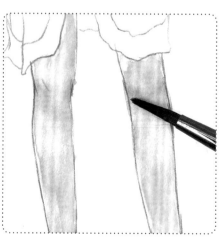

洋红　　肉色

步骤四：画皮肤时，先用清水把要涂色的部分晕湿，这样涂色时颜色就能晕染得更加自然。腿部为肉色，在膝盖骨点处用洋红色颜料加深。

外套的刻画

● 深红

步骤六：用深红画出外套的颜色，为了把外套的厚度以及布面质感画出来，一定要留出高光部分，且不要留得太死板。

● 深红

步骤七：用深红继续加深外套暗部，把胳膊和身体的体积分开。

● 洋红
● 肉色
● 灰色

步骤五：脸部肤色要亮一些，明暗关系减弱一点，脖子下的影子可适当加深。眼镜用灰色画出，留出镜片的反光。

裙子的刻画

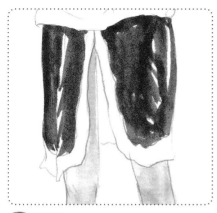

紫罗兰色

步骤八：画裙子和手中书籍封面。用紫罗兰色画出底色，把裙子转折处的高光留出。

深红　黑色

步骤九：用深红及黑色在裙面褶皱以及与上衣连接处加深，逐渐向下过渡。

黑色

步骤十：用黑色画出裙子边缘的蕾丝花边，花纹细致地勾勒出来。

卫衣、鞋等部位的刻画

灰色

步骤十一：卫衣和书籍用灰色加水画出基本明暗关系，把外套、头发等投射在上面的阴影画出来。

翠绿

步骤十一：用翠绿写出卫衣前的字母。找调色盘里不用的颜色把书籍封面和纸袋上的数字轻松勾勒出来。

✏ **完成图**

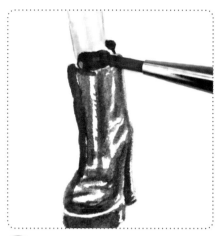

● 灰色

步骤十二：灰色加水调出合适的颜色，给皮鞋着色。特定部位加深，画出鞋跟和鞋头的前后明暗对比关系。

● 深红

步骤十三：画唇色用小号笔，要留出嘴唇的高光，画出体积。

6.13 波希米亚风

　　我们现在说的波希米亚风，作为一种装饰风格席卷了消费社会。它给人呈现出这样一种画面：松松垮垮的裙子、层层叠叠的外套、牵牵绊绊的流苏、大色块的图腾式印花、叮当作响的配饰，整个人看上去仿佛宿醉未醒。　这种风格流行于 20 世纪 60 年代的美国，青年们曾掀起了反战、反中产阶级的浪潮，他们注重心灵上的自由，向往放浪不羁的生活方式。波希米亚风格的服饰受到他们的热捧，他们生活在大都会，却有一颗流浪者的心。他们也被人们称作嬉皮士。

🖍 线描　　　　　　　🖍 人物轮廓勾线

步骤一：本幅线稿人物身体微斜，头部上昂，两肩一高一低，裙摆很大。起形时，腰肩的动态要把握清楚，裙子的拼接层也要有所区分。

■■■ 土红
步骤二：用土红色油性彩铅把脸、胳膊和脚的轮廓画出，再用油性勾线笔把头发、衣物等勾出，在裙子上的布褶要勾画清楚。

头巾和头发的刻画

CG3 冷灰

步骤三：用颜色偏浅的冷灰色画出头巾的暗部，在颧骨处加深，跟脸部做出明暗对比。

棕色

步骤四：头发底色是类似马铃薯皮的颜色，与皮肤交界处需加深。画的时候要细致一些，不要涂到脖子里去。

玫瑰红　翠绿　群青

步骤五：用玫瑰红、翠绿、群青色画出头巾上的花纹，注意花纹与花纹间的疏密关系。

深赭石

步骤六：头发用深赭石色（或橡木色）继续加深，在头发边缘要单独勾勒几根发丝，显得更松动自然。

上衣和腰带的刻画

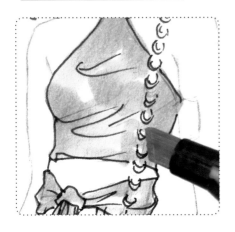

天蓝

步骤七：衣服和腰带画出基本明暗关系，在胸部下方和腰带布褶处可加深一些。

蔚蓝

步骤八：用蔚蓝色马克笔的细头分组画出不同方向的短线，把衣服的花纹生动地描绘出来。

步骤九：涂色时用笔可采用交叉涂法，把较重的部分画足，此步无须怕画错，因为还有后面的花纹勾线。

步骤十：为花纹勾线时，在有起伏和布褶处，线条一定要顺着它们的起伏关系而发生变化，不要全画直了。

挎包的刻画

| | 翠绿 | | 深橄榄绿 | | 深黄 | | 鲜黄 |

步骤十一：挎包底色颜色鲜亮，用同色系的较深的颜色可以刻画出暗部和表面质感，不要全涂。包链用深黄圈出，再用鲜黄色丰富金属的颜色。

裙子的刻画

| | 橙色 |

步骤十二：画出裙子上的基础花纹。注意，花纹的排列有疏有密，纹样大小不一。

| | 钴蓝 | | 黑色 |

步骤十三：用钴蓝在橙色花纹间补上颜色，可适当留出些白色。然后用黑色再补充些点，丰富画面。

173

■ 粉紫

步骤十四：裙子下半部分用马克笔画出小花纹样，上部和下部花朵多一些，中间可少些。在褶皱处注意花朵的变形。

■ 天蓝

步骤十五：用天蓝包围着小花来涂色，使裙子上的色彩看起来更加丰富。

■ 深黄　■ CG7 冷灰

步骤十六：在裙子上的空白间隙点缀黄色和灰色波点，这是典型的波希米亚风格的元素。

■ CG5 冷灰

步骤十七：勾画出布褶的暗部，让裙子的体积感更强，再把鞋子外形画出。

🍦 皮肤和五官的着色

■ 肉色　■ 翠绿　■ 钴蓝

步骤十八：用肉色油性彩铅画出脸部和身体的颜色，把体积画出，在胳膊外缘留出高光。再用翠绿和钴蓝画出胳膊上的装饰。

■ 嫩绿　■ 深紫　■ 朱红

步骤十九：在日常服装搭配中，绿色眼影会比较乍眼。但是在波希米亚风格中，这种妆容很容易就能与整体协调在一起。

完成图

作品感悟

　　由于服装需要包裹人体，因此，原则上服装的内部空间要大于人体，否则人无法将衣服穿上。无弹力面料通过裁剪可以形成比人体更大的内部空间，从而包裹人体；弹力面料通过弹性来满足人体穿脱衣服及运动时所需要的空间余量，从而达到包裹人体的状态。

6.14 涂鸦风

　　涂鸦艺术家们擅长摆弄那些不规则的图案、变形的文字和夸张的图像，并借此表达自我。这样一来，那些看起来孤立、无意义的图像便具有了颠覆性。涂鸦元素最早融入服装设计大概是在单品的手绘上，包括帆布鞋、布洛克鞋、手包等，随后又大面积出现在卫衣、裙子和裤子上。

🖍 线稿

灰色

步骤一：画面中的模特穿着较为厚实，宽大的棉服几乎已经遮住模特的身材。在起形时，我们可以用外翻大衣内部的线条来反衬臀部和腿部的曲线，避免人物和服装看起来过于臃肿。

步骤二：外套的底色是灰色的，画时水分可多一些，这样颜色会浅淡一些，同时明暗更好过渡。要拉开胳膊和身体的明暗对比。

大衣的刻画

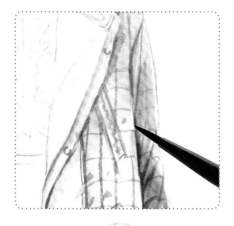

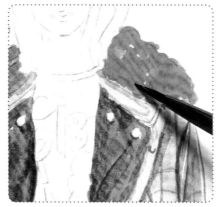

 灰色

步骤三：用灰色画出衣服上的格纹和细小的褶皱，颜色要润一些，不要太干涩。

 深黄 朱红

步骤四：用深黄色画出毛领的颜色，因毛领明暗变化比较丰富，所以在上色时可以随意些。然后用朱红加强暗部。

朱红

步骤五：衣服衬里用朱红画出底色，交代出基本的明暗关系，再调出少许粉色加深暗部。

帽子、头发和涂鸦元素的刻画

● 深褐　● 深红　● 黑色　● 紫罗兰

步骤六：用深褐色加深红画出头发颜色，再加一点黑色进行调和并勾出丰富的发丝。帽子用紫罗兰色画出。

● 洋红　● 肉色

步骤七：调出皮肤的颜色，在帽檐下和眼睛下适当加重，做好过渡关系。

步骤八：用油性勾线笔勾出 T 恤上的图案，在数字的右侧加重，画出字的厚度来。

● 深红

步骤九：用深红画出图案中的红色部分，调色时基本不加水，使颜色更加醒目。

● 柠檬黄　● 群青　● 灰色

步骤十：给涂鸦元素上色，这一部分色彩的发挥空间较大，上色也比较容易。

长裤的刻画

● 紫罗兰色

步骤十一：用紫罗兰色画出长裤和鞋子的颜色，在腿部边缘加深，注意前后腿的空间关系。

● 灰色

步骤十二：再用灰色丰富鞋子的细节，最后用油性勾线笔勾出鞋子轮廓线。

裙子的刻画

⚫ 灰色

步骤十三：灰色加入水后调匀，画出衣服在裙子上的投影以及裙上的褶皱。

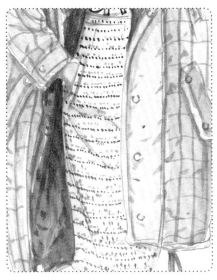

⚫ 深红　湖蓝　柠檬黄

步骤十四：用深红、湖蓝和柠檬黄画出裙子上成排的彩色斑点，注意弧度的表现，在遇见褶皱时要注意变化。

完成图

6.15 旅行风

露脐抹胸总体来说还是适合身材匀称的人群，内短外长的穿搭轻便而又富有活力，是在热带地区或在海边出游时的不错选择。巨大的草帽在防晒的同时，也为主人增添了一种浪漫的气息。

线描

步骤一：本幅模特动态十分有活力，人物右肩高于左肩，胯部向左上倾斜，腰部因此弯曲得很好看，左手外伸，右腿蜷曲的姿势要表现出来。

土红

步骤二：皮肤用油性彩铅轻轻勾勒一圈，再用勾线笔勾勒出服装和背包的轮廓线。在画衣服和包时，要注意上面的褶皱和细节。

头发、帽子等的刻画

▇▇▇ 鲑鱼粉 ▇▇▇ CG1 冷灰 ▇▇▇ 深赭石

步骤三：换马克笔继续后面的刻画。用鲑鱼粉画出帽子的底色，帽子暗部再用冷灰色加深。头发则用深赭石色（或橡木色）画出，注意要留出头发上的高光。

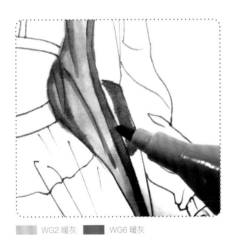

▇▇▇ WG2 暖灰 ▇▇▇ WG6 暖灰

步骤四：画出衣服衬里的颜色，加重暗部和布褶处。

▇▇▇ WG2 暖灰 ▇▇▇ WG6 暖灰

步骤五：用同样方法给背包的包沿和包兜着色。

上衣的刻画

鲜黄

步骤六：画出外套上的条纹，注意外翻的领子上的条纹走向由水平变为竖直。

步骤七：在每根黄色条纹边缘用针管笔、油性笔勾出线条，不仅能够突出条纹的间隔效果，还能让外套的质感变硬。

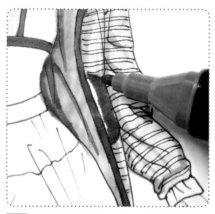

赭石

步骤八：画出外套上的暗部，有一些要顺着之前勾出的衣褶线来画。人物整体右侧比左侧更暗，在刻画时尤其要拉开胳膊和身体的明暗对比。

WG8 暖灰　鲜黄

步骤九：画出胸前的黑灰色拼接图案，再用鲜黄画出拼接颜色。

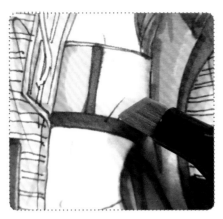

WG1 暖灰

步骤十：用很浅的暖灰色画出胸前衣服的明暗关系。不要全涂，要留出高光。

步骤十一：检查画面，看看到这一步后有没有表现不到位的地方，可加以修饰。

🖊 背包的深入刻画

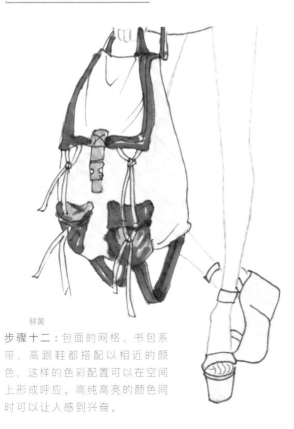

鲜黄

步骤十二：包面的网格、书包系带、高跟鞋都搭配以相近的颜色，这样的色彩配置可以在空间上形成呼应。高纯高亮的颜色同时可以让人感到兴奋。

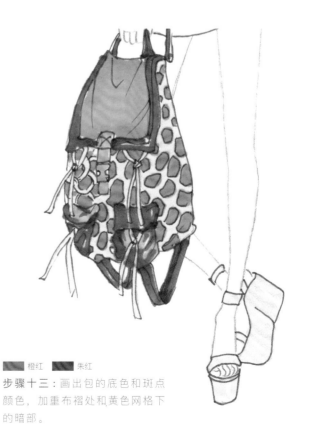

橙红　　朱红

步骤十三：画出包的底色和斑点颜色，加重布褶处和黄色网格下的暗部。

裙子的刻画

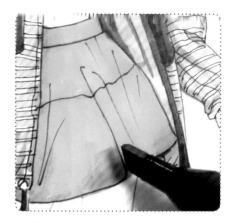

粉蓝

步骤十五：裙子底色用粉蓝色画出，在腰部和裙摆边缘处可多画两遍，让颜色更重一些。

蔚蓝

步骤十六：裙子上的花纹分为底色和图案，先用斜线把方格画出，再在方格里画上花纹。

肉色　　大红

步骤十七：用油性彩铅画出皮肤的颜色，在帽檐下加深，再画出脸颊上的红晕。

步骤十四：裙子有一半隐没在上衣背后，另一半挡在上衣前方，刻画时注意区分前、中、后的空间关系。

皮肤的刻画

肉色

步骤十八：用肉色画出手部颜色。在刻画手部的时候只涂边缘即可，不用全画，这样体积感会强一些。

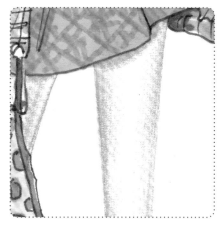

肉色

步骤十九：同样用肉色画出腿部的色彩，腿的边缘颜色较深，往中间色彩渐浅，要注意过渡的细腻自然。

完成图

6.16 韩式休闲风

　　追逐潮流的时装，有时也应该给温柔娴静的装扮留下一点空间，一身宽松长裙能够带给人很大限度的舒适感。整体穿搭充满了休闲飘逸的风格质感，帅气的同时又能展现纤细的腰身，展现了女性的自信力量，也展现了不同往日的时尚表现力。

🖊 线描

🖊 线描

　■ 赭石　　■ 栗色

步骤二：画出头发的底色后，在脸颊旁边要加深，和脸部作出明暗对比。加深暗部时一般根据人物气质选择邻近色中更深的色彩。

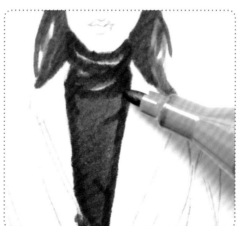

　■ CG7 冷灰　■ CG9 冷灰

步骤三：注意衣领边缘和中间的颜色深浅变化，衣领处要表现出堆叠的效果，适当加强暗部。

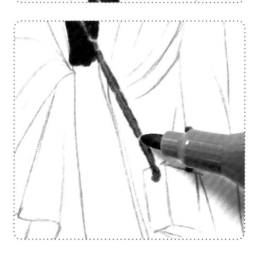

　■ 赭石

步骤四：参考竹子的画法，画出背包包链。画的时候不要一条路走到黑，画一点收笔，然后再画，把不连贯的效果表现出来。

步骤一：本幅画面人物打扮风格温柔娴静。人物处在行走的动态中，肩膀的高低关系和腿的前后关系要交代清楚，外套在腰部的布褶要细致刻画。

裙子和鞋的初步刻画

CG1 冷灰

步骤五：轻轻画出外套的暗部，在布褶处可反复几次，亮面留出不画。

深黄　　CG7 冷灰
天蓝　　黑色

步骤六：挎包体积较小，比较容易着色。花朵图案边缘勾线不要完全封闭，这样会显得更加灵动。

裙子和鞋的深入刻画

■ 橙红

步骤七：采用竖向排线的方式把裙子的颜色画出来，在裙子褶皱处加深。画裙子时，要注意不要把颜色画进花朵里，在与白衣接触的地方需更加细致。

■ 玫瑰红

步骤八：加深裙子的布褶和暗部，让裙子的质感和体积感更加明显。加重时在腰部和上衣下面加深，让裙子上的虚实关系更有节奏。

肉色　　生褐　　大红

步骤九：用油性彩铅画出脸、手、脚部的颜色，在脸部边缘加深。最后给眼睛和嘴巴上色。

土红

步骤十：画出腿部基本颜色后，需把后面腿加深，表现阴影。过渡要自然，上色均匀一些，前后层次更强烈。

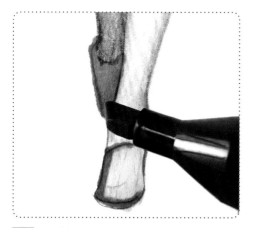

CG5 冷灰

步骤十一：用冷灰色马克笔画出鞋子的暗部，后面的鞋子整体加深，和前面形成虚实对比。

完成图

6.17 波普风

波普艺术善于直接借用产生于商业社会文化的符号，来实现对既有思想的解构和重塑。人像印花元素很早就成了波普服饰创意的一部分，这样的服装显得既生动又洋溢着前卫的艺术气息。不安现状、追求时尚就是波普风的关键，那些大胆的印花设计和色块冲撞总能让人过目不忘。

线描

步骤一：本幅人物头微微倾斜，双手弯曲，画时需要注意肩膀和臀部的关系以及手与身体的关系，人物重心集中在左腿上，右腿弯曲放松。

头发和上衣刻画

■ 赭石

步骤二：给头发着色时要把翻卷的层次关系拉开，要留出高光。

■ CG9 冷灰

步骤三：画出上衣的颜色，此时要注意右手和身体的前后关系。

手包和皮鞋的刻画

步骤四：紧接着上一步，画出手包和鞋子的颜色，衣服、手包和鞋子都要用更深的颜色勾出边缘线。

裙子的刻画

■ 鲜黄

步骤五：裙子上颜色种类较多，可以分区域画，也可以按颜色来画。

■ 胭脂红　■ 中绿　■ 粉紫

步骤六：继续画出裙子上斑斓的图案，使色彩关系更加丰富。

鲑鱼粉　淡蓝

步骤七：画出裙子人物的肤色，再用平涂出人物服装的颜色，用笔排线要均匀。

步骤八：马克笔在画画时，容易出现渗色情况，因此在画不同色彩边缘的时候一定要细致些。

紫灰　深紫

步骤九：画出黄色条纹中间的颜色，再用深紫色画出裙摆下方的条纹。

黑色　CG3 冷灰

步骤十：用黑色勾出人物图案的衣纹。斑驳的色块在黑色线条的切割下，会由杂乱变得浑然一体。人物图案的脸上可以画上斜线，以丰富画面。

🖊 完成图

肉色　群青

步骤十一：用油性彩铅画出人物皮肤颜色，把明暗关系刻画出来。注意塑造出眼窝的深度。

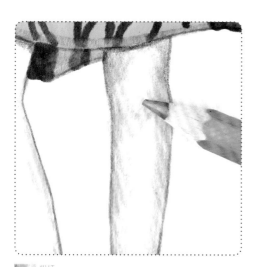

粉红

步骤十二：在肤色上再用油性彩铅叠色，可以使皮肤的色彩关系变得更加丰富。

07

第七章

时装画作品欣赏

7.1 从线稿到时装画作品

　　线稿用笔较为流畅，还要学会为后续上色留出空白。最后根据设计意图和预期的画面效果，进一步强调款式线。上面这幅时装画充满了新鲜和艳丽感，突出了女性的潇洒风格。

　　一般来说，由于服装材料天然带有的弹性（如莱卡、针织、氨纶面料等），一些服装结构的处理需完全符合人体曲线，如针织衫、紧身运动装和内衣等。

　　在表现贴体型服装时，其轮廓与结构线条应该完全随着人体的曲线运行，胸部、手肘、腋窝、膝盖、袖口和脚口等处略有皱褶和起伏。而且，这些部位会因为紧绷而产生更强的褶皱。

在一些风格强烈的服装设计中，图案会铺满底色，而且有时会容纳多种图案，这类图案被称为混合图案。但是，当图案的纹样与底色面积大致相同时，会让身边的人感到呆板。图案本身以及由衣褶、结构等引起的纹样变化是这一类时装画所表现的重点。

绸缎面料带有光泽，转折比较明显，常用于礼服的设计；裘皮面料具有蓬松、无硬性转折、体积感强等特点。表现裘皮可结合撇丝法、摩擦法、刮割法，先置深色，而后捋顺其纹理并逐层刻画。

以撇丝法为例，它既是染织图案设计的一种技法，也是中国画的一种笔法。采用毛笔敷色之后，将笔锋撇开，形成间隔、长短等不规则的排线。用这种方法，可以绘出长毛质感以及丝状物。

7.2 从素描稿到时装画作品

7.3 女性时装画作品欣赏

在绘制时装画时，如果想要营造张力，简洁的发型通常是最好的，太多的头发会抢走服装的主体位置。奇异的服饰和强烈的色彩对比是最直接有效的办法，有时则需要搭配夸张的动作。

服装有着不同的廓形表现，
如上图这套服装属于明显的 Y
型。这种廓形具有肩部夸张、
下摆内收、上宽下窄以及大方、
洒脱、较男性化的特点。

7.1 男性时装画作品欣赏